Practical TRIZ

실용 트리즈

창의 공학 설계 입문

김호종·김기정·강일찬·조영덕 공저

JINSAEM 진샘미디어

이 책으로 대학교에서 쉽게 한 학기 문제 해결을 위한 창의실용트리즈 수업을 진행할 수 있습니다. 현업에서 발생되는 1,500개 이상의 문제를 창의적으로 해결한 실용성이 검증된 창의 실용트리즈입니다.

저자는 2006년 이후 10년 동안 창의 실용트리즈를 교육 및 컨설팅한 경험을 바탕으로 이 책을 집필하였습니다. 학생들이 트리즈의 이론이 아니라 트리즈를 실제로 현업 문제해결에 사용할 수 있게 하기 위한 실용서입니다.

서문

이 책은 창의설계를 위한 창의적문제해결이론(트리즈: TRIZ)의 실용서이다. 이론서가 아니다. 이 책은 학생들이 창의적으로 자신의 문제를 스스로 해결하게 하기 위한 목적으로 집필되었다. 실용트리즈 수업의 목표는 "나는 창의적으로 문제를 해결할 수 있는 사람이다"라고 학생들이 스스로를 자신있게 말할 수 있게 만드는 것이다. 저자는 여러 대학교에서 실용트리즈를 강의한 많은 경험이 있다. 창의설계입문 과목에서 문제해결 능력을 높이기 위한 목적으로 매 학기 정식 학과과목의 형태로 진행되었다. 실용트리즈를 수강한 많은 학생들은 비교적 쉽게 자신의 문제를 스스로 해결하였다. 이 책은 저자의 많은 실용트리즈 교육 경험을 바탕으로 만들어진 학생용 실용트리즈 교재이다. 이 책에는 수업 중 학생들이 팀별로 해결한 많은 문제해결 사례들이 있다. 다양한 학과 학생들이 실용트리즈 수업을 수강한다. 공과대학은 물론 경영학과 광고홍보학과와 같은 비기술분야의 학생들도 실용트리즈 수업을 비교적 쉽게 이해한다.

오늘을 살아가는 많은 사람들에게 전문지식과 '문제해결능력'은 반드시 필요하다. 일반적인 전문지식은 교육과 경험을 통하여 누구나 가질 수 있지만 문제해결능력은 일반적인 교육과 경험만으로는 가질 수 없다. 일반적으로 문제해결에 사용되는 시행착오법(예 브레인스토밍 등)은 특별한 훈련이 없어도 누구나 사용할 수 있다. 하지만 이런 방법론들은 신뢰성 있는 결과를 제공하지 못한다. 반면 실용트리즈는 짧은 시간에 문제를 분석하고 혁신적인 해결책을 찾을 수 있게 한다. 실용트리즈는 문제를 해결하고자 하는 사람들에게 체계적인 문제해결 단계를 제시한다.

우리들에게 필요한 것은 막연한 창의력 교육이 아니다. 자신의 문제를 해결할 수 있는 문제해결능력을 학생들에게 가르쳐야 한다. 문제해결에 실제로 사용할 수 없는 막연한 창의력 교육은 더 이상 필요하지 않다. 이 책의 제목인 창의공학설계입문 실용트리즈는 문제를 해결하는 새로운 방법론이다. 만일 트리즈로 실제문제를 해결할 수 없다면 '트리즈는 단지 지식일 뿐이다.' 이 책은 트리즈의 지식을 학생들에게 가르치기 위해 집필된 것이 아니다. 이 책은 학생들이 자신의 문제를 스스로 창의적으로 해결하게끔 하기 위한 실용서이다. 10년 이상 철저한 실습 위주의 실용트리즈 교육과 경험에서 나온 것이다. 단 한명의 교육생도 트리즈의 이론수업을 원하지 않았다. 트리즈를 활용하는 실습위주 실용트리즈 수업의 진행과정을 가장 높이 평가하였다. 이 책은 학생들에게 문제해결의 과정을 단계별로 설명·교육하며 철저한 팀별 토론식 문제해결를 위한 입문수업의 교재이다. 학생들이 스스로 문제를 찾아내고 스스로 문제를 해결할 수 있도록 지도하기 위한 실습용 교재이다. 교수는 문제해결 단계를 간단히 설명한 후 학생들이 스스로 실용트리즈를 문제해결에 적용할 수 있게 가이드 하고 그 결과를 평가한다. 이 책은 문제해결 방법론 중 트리즈를 교육하고자 하는 교수들이 한 학기동안에 강의를 진행할 수 있도록 만들어진 맞춤형 교재이다. 이 책은 교수를 위한 별도의 파워포인트 자료와 연습문제를 풀이한 해설서가 준비되어 있다. 때문에 학교뿐만 아니라 기업에서 쉽게 이 책으로 실용트리즈를 교육할 수 있다. 실용트리즈는 학생들이 문제를 단계적으로 분석하고 창의적인 해결책을 찾을 수 있게 한다. 특히 문제를 도식적으로 분석하여 쉽게 모순을 찾을 수 있게 하여 학생들은 이전에 자신이 전혀 경험해보지 못한 새로운 방법론을 알게 될 것이다.

이 책은 기존의 트리즈에서 어렵거나 활용도가 낮은 부분을 대폭 수정・보완한 창의공학설계입문 실용트리즈이다. 2007년 출간된 "실용트리즈의 창의성 과학"의 6단계 문제해결을 3단계와 4단계로 줄인 책이다. 기업체와 대학 등에서 실용트리즈를 교육 및 컨설팅하면서 얻은 경험을 바탕으로 새롭게 집필된 실용서이다. 창의설계 실용트리즈는 과학기술 분야에 국한하지 않고 비기술 분야에서도 적용이 용이하게 만들어 졌다. 때문에 기술분야는 물론 비기술 분야의 일반인들도 누구나 쉽게 실용트리즈를 이해할 수 있다.

본 책은 2011년 5월에 출판한 2쇄까지의 내용을 수정/보완한 것이다. 2011년부터 2014년 2학기까지 대학교재로 사용하면서 발견된 책의 일부 미흡한 내용을 보다 실용적으로 보완하였다. 또한 학생들이 스스로 도출한 많은 문제해결사례들의 제목을 부록에 추가하였다. 이번 책을 통하여 학생들이 실용트리즈 수업에서 어떤 문제들을 어떤 단계로 어떻게 해결하고 있는지를 보다 명확하게 알 수 있을 것으로 생각된다.

2015년 1월

김호종

대학교에서 왜(?) 트리즈 교육을 하는가?

대학교에서 트리즈를 교육해야 하는 명확한 이유가 있다.

저자는 여러 대학교에서 실용트리즈를 2006년 이후 10년 동안 강의하고 있다. 8,000명(온라인 포함) 이상의 대학생들에게 실용트리즈를 교육하였다. 실용트리즈 교육 및 컨설팅을 통하여 2,600명 이상의 사람들이 한국트리즈협회의 트리즈인증서를 받았다. 기업인, 교수 및 대학생 등이 3수준(50명, 트리즈컨설턴트), 2수준(550명, 트리즈레지던트) 또는 1수준(2,500명, 트리즈인턴)을 받았다. 대학의 실용트리즈 수업은 한 학기 2학점 또는 3학점으로 정식 학과과목의 형태로 진행되었다. 한 학기 동안 매주 2시간에서 3시간 수업이 진행되었다. 2010년 2학기 국내 한 대학교의 경우 7개 반 190명의 학생들이 실용트리즈 수업을 수강하였으며 학부 6개 반과 대학원 1개 반이다.

실용트리즈 교육에서 가장 중요한 것은 문제를 인식하는 능력이다. 문제를 해결하는 능력에 앞서 문제를 찾을 수 있는 능력이 가장 중요하다. 다른 사람들이 인식하지 못하는 문제를 찾아내고 실용트리즈로 문제를 해결하는 종합적인 능력을 가질 수 있게 교육해야 한다. 트리즈의 이론 전달이 아니라 학생들이 자신의 문제를 도출하고 스스로 문제를 해결하는 토론식 실습 위주로 수업을 진행하였다. 실용트리즈 수업을 통하여 학생들의 문제인식능력은 놀라울 정도로 높아졌다. 많은 학생들은 자신의 문제를 스스로 인식하고 단계별로 해결책을 찾을 수 있는 능력을 가지게 되었다. 왜(?) 트리즈를 학교에서 교육해야 하는가?를 분명하게 알 수 있다. 실용트리즈 수업에서 해결한 문제들은 공과대학 학생들의 창의설계과제나 졸업 작품으로 선정되어 실제로 제품화한 사례도 많다.

2006년 이후 실용트리즈 수업에서 현재까지 학생들이 해결한 문제의 종류는 1,000개 이상이다. 대학원의 경우 석·박사 학위 테마 또는 연구 중인 과제에서 발생되는 문제를 실제로 해결하였다. 대학원생들의 문제해결의 결과는 학술논문으로 발표되었을 뿐만 아니라 특허로 출원되거나 현업에 적용된 사례들도 많다. 실용트리즈를 수강하는 대학원생들은 국가 연구기관이나 기업연구소에 근무하는 사람들이 많이 있다. 많은 학생들은 실용트리즈 수업을 통하여 자신이 창의적으로 문제를 해결할 수 있는 사람이라고 말하였다. 이 책이 학교에서 창의적 문제해결 교육의 새로운 계기가 될 수 있도록 계속적으로 보완해 나갈 것이다.

포스코, 창조·혁신 이끌 '트리즈대학' 개소
인재개발원 연구개발. 확산 산실로
2010.02.04

포스코가 창조적 혁신을 위해 '포스코 트리즈(TRIZ)대학'을 개소했다. 2월 4일, 포스코는 최근 인재개발원에서 손욱 이사회 의장, 정준양 회장, 허남석 부사장, 김진일 포항제철소장, 조뇌하 광양제철소장, 양동렬 KAIST 교수 등 임직원과 관계자 200여 명이 참석한 가운데 포스코 트리즈대학 개소식을 갖고, 손욱 이사회 의장으로부터 트리즈 특강을 들었다.

다음은 학생들의 실용트리즈 수업에 대한 평가이다. 많은 학생들이 보내온 메일의 일부이다(부록에 보다 많은 내용이 있다).

1. 한 학기 실용트리즈 수업 후 창의적인 사람이라고 느꼈다면 교육을 잘 받은 사람이겠죠? 저는 삼성에 입사하기 위해 학연산클러스터에서 주관하는 여러 강좌를 들었고 그 중에서 실용트리즈라는 과목이 자기소개서 및 면접 전형에 큰 긍정적인 영향을 주었습니다. 즉, 남들과는 차별되는 저만의 무기를 트리즈라고 생각했고 비전공자임에도 불구하고 최종합격을 할 수 있었습니다. 면접 때 트리즈에 관심을 많이 보이신 면접관님 앞에서 당당할 수 있었던 것도 실용트리즈 덕분이였습니다. 아직 트리즈 새내기이지만 입사 후 꾸준한 공부로 트리즈 3수준을 받는 것이 목표입니다.
2. 작년에 기술융합 개론이란 수업에서 트리즈라는 것을 처음 알게 되었는데 이번 학기에 학연산 단독과목으로 실용트리즈 수업이 생긴 것을 보고 주저하지 않고 이 과목을 수강하게 되었습니다. 한 학기동안 트리즈 수업을 통해서 문제 해결능력이 많이 늘었다는 생각이 들고 어떤 문제에 부딪쳐도 트리즈적인 사고로 하나하나 풀어간다면 어려울 것이 없다는 생각이 듭니다.
3. 한 학기동안 이 실용트리즈를 배우면서 창의적 사고에 대해 많이 생각해 보게 되었습니다. 학과 전공 위주로 들어야 하는 공학대학 수업에서 벗어나 이 과목을 들으면서 정말 실용적인 것을 얻어가는 느낌이었습니다.
4. 저번 시간 실용트리즈 강의 완전 200% 좋았습니다. 제가 중문과 학생인데 이과생이 90%가 넘는 그 수업을 들으며 늘 좌절했으나 이번 수업은 정말 배울 점이 많아서 기술융합개론을 신청한 것에 대해 아무런 후회도 남지않게 되었습니다.

저자소개

실용트리즈를 개발한 창의적 문제해결 교육 및 컨설팅 전문가이다. 2007년 "실용트리즈의 창의성 과학" 책을 집필하였고 대학교 및 기업용으로 30시간 이상의 실용트리즈 동영상 교육자료를 만들었다. 이들 자료는 여러 온라인상에 공개되어 많은 클릭 횟수를 기록하고 있다.

1977년부터 1984년까지 초대형 선박의 엔진룸의 시스템을 설계하였으며, 1985년부터 1996년까지 물리학을 공부하였고 물리학 박사학위를 취득하였다. 1996년부터 2006년까지는 반도체 및 디스플레이용 시스템 장비를 주도적으로 연구・개발하였다.

2004년 이후 많은 기업연구소 및 대학 등에서 창의적 문제해결 교육 및 컨설팅을 하여 오고 있다. 현재까지 대학과 기업 등에서 1,500개 이상의 다양한 산업분야의 현업문제들을 실용트리즈로 해결한 경험이 있다.

저자는 실용트리즈와 관련하여 트리즈포트의 대표이면서 킴스트리즈를 운영하고 있으며, '한국트리즈협회'의 이사와 '한국트리즈학회'의 감사이다. 다음은 실용트리즈 관련 자료들이 공개되어 있는 온라인 사이트이다. 이들 사이트에 많은 실용트리즈 동영상 교육자료와 트리즈 관련 질문 및 답장들이 있다.

네이버(www.naver.com)
youtube(www.youtube.com)
트리즈포트(www.trizport.com)
킴스트리즈(www.kimstriz.co.kr)
등이 있다.

감사의 글

알트슐러 박사님에 감사드린다!

이 책은 많은 사람들의 도움으로 만들어졌다. 이 책의 많은 부분을 같이 집필한 트리즈포트의 김기정, 강일찬, 조영덕 전문위원님들에게 감사드린다.

한국의 트리즈 발전에 새로운 전기를 마련하고 있는 한국트리즈협회(김만수)와 한국트리즈학회(김세현)에 감사드린다. 저자의 실용트리즈 수업에서 현업의 다양한 문제를 도출하고 모순을 극복하는 해결책을 찾아준 많은 교육 참여자들에게도 감사드린다. 이 책은 저자의 많은 실용트리즈 교육의 실제 경험을 정리한 것이다.

저자의 많은 실용트리즈 교육과 경험이 없었다면 이 책은 한 낱 저자의 주장 자체로 끝날 수도 있었다. 하지만 이 책은 단지 저자가 정리했을 뿐 실제 많은 내용은 실용트리즈 교육에 참여한 많은 교육생 분들의 결과물들이다. 때문에 실용트리즈 교육에 참여한 모든 분들이 이 책의 공동저자이다. 앞으로 보다 많은 실용트리즈를 적용한 현업 문제해결사례를 포함하는 책을 집필할 것이다.

이 책의 집필에 도움을 주신 많은 분들의 문제해결능력을 높이기 위하여!

실용트리즈의 문제해결능력이 삶에 직접적인 도움이 될 수 있게 하기 위하여!

저자는 누구나 쉽게 공부하여 현업에서 바로 사용할 수 있는 보다 실용적인 창의설계 실용트리즈를 개발해 나갈 것이다.

차례

제 1 장

트리즈 이전의 문제해결

과정목표 트리즈 이전에 사용된 문제해결 방법론의 한계를 분명하게 이해한다.

기대효과 새로운 문제해결 방법론의 필요성을 알 수 있다.

1.1 창의적인 문제해결이란

아직도 브레인스토밍을 좋은 문제해결 도구로 생각하는 사람들이 많다. 브레인스토밍은 결코 좋은 문제해결 도구가 아니다. 왜냐하면 브레인스토밍으로는 해결하고자 하는 문제가 무엇인지를 분석할 수 없기 때문이다. 문제해결을 위한 아무런 방향성도 없다. 구체적인 단계도 없다. 뿐만 아니라 자신이 알고 있는 지식을 어떻게 문제해결에 적용 하는가에 대한 아무런 대안도 없다. 브레인스토밍은 우리들이 가진 다양한 문제들을 해결할 수 있는 도구가 아니다. 브레인스토밍은 다양한 각도로 의견을 수렴하는 하나의 회의 진행방법일 뿐이다.

우리들이 문제를 해결하는 과정에서 지식과 경험은 매우 중요하다. 만일 지식과 경험이 없다면 대부분의 기술문제해결은 불가능할 것이다. 그러나 많은 경우 우리가 가진 지식과 경험은 문제에 대한 새로운 해결책을 찾기 위한 폭 넓은 사고를 제한 한다. 우리는 문제에 상관없이 자신의 경험과 지식의 방향으로 사고를 진행하는 고정관념을 가지고 있다. 사고관성(고정관념)을 벗어나는 것이 문제해결에서 가장 중요하다. 다행히 자신의 경험과 지식의 방향이 문제의 해결책의 방향과 일치 하는 경우라면, 문제는 비교적 쉽게 해결될 것이다. 그러나 이런 경우는 아주 드물게 발생된다. 대부분의 경우 이 같은 해결책은 처음부터 문제가 될 수 없다. 왜냐하면 대부분의 사람들이 문제의 해결책을 쉽게 찾아내기 때문이다.

우리들이 연구개발에서 접하는 문제의 대부분은 우리의 경험과 지식으로 쉽게 해결되지 않기 때문에 문제로 인식된다.

실용트리즈 적용 문제해결 경험으로 볼 때, 일상에서 발생되는 문제의 대부분은 사고관성을 제거하면 비교적 쉽게 해결책을 찾을 수 있다. 뿐만 아니라 기술문제의 경우도 지식과 경험으로 문제가 해결되는 경우보다, 새로운 관점으로부터 해결책이 나오는 경우가 많다. 연구개발에서 가장 중요한 것은 문제를 해결할 수 있는 창의적인 아이디어를 찾아 낼 수 있는 능력을 가지는 것이다. 이것이 연구개발의 가장 핵심이다. 새로운 해결책에 대한 아이디어를 찾은 다음에 하는 일은 기존의 연구개발 경험과 지식을 활용하면 된다. 이런 일들은 기본적인 지식과 경험을 가진 사람이면 누구나 할 수 있다.

1.2 과학기술 연구에서의 문제해결

오늘날 특히 기업에서의 연구개발은 문제를 해결하느냐 못하느냐의 문제가 아니다. '얼마나 빨리 새로운 결과를 찾아내는가'가 성공을 결정한다. 하지만 우리들은 문제를 더 빨리 혁신적으로 해결할 수 있는 방법을 공부한 적이 전혀 없다. 대부분의 많은 연구자들은 창의적인 문제해결이 무엇인지도 모른다. 지금도 많은 연구자 들은 기존의 경험과 지식을 바탕으로 열심히 생각하기를 연구의 방법으로 사용한다. 또한, 공동연구의 효율성이 극히 낮음을 연구개발에 참여해본 연구자 들은 누구나 잘 알고 있다. 오늘날 연구원들과 발명가들은 150년 전의 에디슨이 연구방법으로 사용하였던 것과 같은 방법으로 문제를 해결하고 있다. 에디슨은 시행착오식 연구방법을 사용하여 성공한 대표적인 인물이다. 그는 백열전구를 발명하기까지 6,000번 이상의 시행착오적 실험을 했다. 당시에는 이 방법이 훌륭한 문제 해결 방법으로 평가되었을 수도 있다. 왜냐하면, 그 시대는 경쟁 보다는 누가 문제를 해결할 수 있는가가 보다 중요한 시대였기 때문이다. 그러나 오늘날은 정보화 시대이다. 경쟁에서 이기는 것은 누가 얼마나 더 새롭고 혁신적인 결과를 경쟁자 보다 더 빨리 세상에 내어 놓는가에 의하여 결정된다. 즉 연구의 효율성이다. 에디슨은 새로운 신제품과 인류에게 유용한 많은 제품들을 개발한 타고난 발명가였다. 그러나 그의 시행착오식 연구방법은 21세기인 오늘날의 문제해결 방법으로는 경쟁력이 없다.

그러나 오늘날 최첨단 연구에서도 많은 연구자들은 시행착오식 문제해결방법을 그대로 사용하고 있다. 저자는 30년 동안 과학공부를 하였고 그 기간중 11년은 정통 물리학을 공부하였다. 이후 15년 동안 반도체 관련 연구소에서 발생하는 많은 기술문제들을 주도적으로 해결한 연구경험이 있다. 연구소의 많은 기술문제들을 기존의 시행착오식으로 해결하였다. 많은 인력과 시간을 투입하였지만 혁신적인 연구개발 결과는 거의 없었다. 문제를 부분적으로 약간 개선한 정도가 전부였다.

저자는 트리즈를 공부한 이후 기존의 연구방법에 많은 문제가 있음을 알았다. 왜 많은 인력과 시간을 투입하여도 혁신적인 연구결과를 낼 수 없었는가? 왜 많은 문제들을 창의적으로 해결하지 못하였는가? 해결책을 찾지 못한 문제들은 새로운 지식과 경험이 부족하였기 때문이었는가? 이들 물음에 대한 명확한 답을 트리즈에서 찾았다. 우리들에게 창의적으로 문제를 해결하는 새로운 방법론이 필요하다. 그 새로운 방법론이 바로 트리즈이다. 저자는 이 트리즈를 누구나 자신의 문제해결에 사용할 수 있는 실용트리즈로 만들었다.

1.3 이전의 아이디어 발상법

문제해결능력은 아이디어 도출과 매우 깊은 관련이 있다. 트리즈 이전의 아이디어 도출 방법론들의 개요와 한계를 설명한다. 과거의 문제해결 방법론과 트리즈의 방법론을 비교 이해하는 것은 아주 중요하다. 아이디어 발상법은 여러 가지가 있다. 다수가 함께할 수 있는 방법으로는 브레인스토밍이 대표적인 것이며 혼자 할 수 있는 방법으로는 체크리스트 법 등이 있다. 아이디어 발상법에 대한 방법론을 간략하게 설명한다.

1.3.1 브레인스토밍(Brain Storming)

구성원의 자유발언을 통하여 아이디어를 도출하는 방법이다. 일정한 테마에 대하여 회의형식을 채택하고 있다. 적용 원리는 다음과 같다. 한 사람보다 다수인 쪽에서 제기되는 아이디어가 많다. 아이디어수가 많을수록 질적으로 우수한 아이디어가 나올 가능성이 많다. 일반적으로 비판이 가해지지 않으면 많은 아이디어를 낼 수 있다. 브레인스토밍에서는 어떠한 내용의 발언이라도 그에 대한 비판을 해서는 안 된다. 오히려 자유분방하고 엉뚱하기까지 한 의견을 장려한다.

기존의 브레인스토밍의 한계를 보완하기 위하여 만들어진 것이 역브레인스토밍이다. 비판을 생성하기 위해 비판을 오히려 장려하는 기법이다. 이 비판은 건설적인 비판이어야 한다. 이 기법에서는 아이디어가 가질 수 있는 가능한 약점들을 모두 발견해 내고 적용 시 잘못될 수 있는 것이 무엇인지를 예상해 볼 수 있게 한다. 완성된 시스템이나 제품을 검토 하는 회의 등에 사용하면 좋다.

브레인스토밍은 광범위하거나 복잡한 문제일 경우에는 사용하기에 적합하지 않다. 단순하고 명료한 문제에만 사용해야 한다. 또한 문제의 성격상 시행착오를 많이 거쳐야 하는 상황일 경우에는 한계가 있다. 한 번에 해답을 얻을 수 있는 문제가 적합하다. 그런데 현업의 고질적 문제해결에 브레인스토밍을 많이 사용하고 있다. 브레인스토밍은 리더의 자질이 성패를 좌우할 수 있다. 기본적으로 참가자들에게 의존하는 방법이기는 하나 리더의 능력에 따라 그 결과가 크게 달라질 수 있다. 재현성 있는 창의적인 결과를 주지 못하기 때문에 하나의 회의진행법으로 보아야 한다. 트리즈와 비교 자체가 무의미 하다. 브레인스토밍은 회의 진행의 한 가지 방법이다. 문제를 창의적으로 해결하는 방법론은 아니다.

1.3.2 고든법(Gordon Method)

브레인스토밍에서는 가능한 한 문제를 구체적으로 좁히면서 아이디어를 발상한다. 반면 고든법은 그 반대로 문제를 구상화시켜서 무엇이 진정한 문제인가를 모른다는 상태에서 출발한다. 그렇게 하는 이유는 문제가 지나치게 구체적이다 보면 참가자가 자칫 현실적인 문제에만 사고를 국한하기 때문이다. 이렇게 되면 아이디어를 발상하는데 한계가 있기 때문이다. 즉 고든법은 주제와 전혀 상관없는 사실로부터 발상을 시작해서 문제해결로 몰입하게 만드는 기법이다. 이런 것에서 아주 기발한 아이디어가 가끔 떠오르는 경우가 있다. 주제가 추상적이기 때문에 나오는 아이디어도 엉뚱하다. 재현성 있는 문제해결기법으로 볼 수 없다. 분야에 따라 때로는 이런 형태의 생각을 위한 생각하기가 도움이 될 수도 있을 것이다.

1.3.3 시네틱스(Synetics)

시네틱스 기법은 두 가지로 설명될 수 있다. 그 하나는 친숙한 것을 이용해 새로운 것을 창안하는 것이다. 다른 하나는 친숙치 않은 것을 친숙한 것으로 보도록 하는 것이다. 우리가 주변의 사물로부터 무엇인가를 추출하려면 먼저 다른 시각이 필요하다. 너무나 친숙하면 새로운 것이 하나도 없는 것처럼 보이게 된다. 이 상황을 벗어나야 한다. 창의적인 사고를 하기 위해서는 주변에서 접하게 되는 친숙하지 않은 상황도 수용할 수 있어야 한다. 이 기법은 네 가지 유형으로 진행된다. 세부 내용은 생략한다. 구체적인 단계가 있거나 재현성 있는 결과를 주는 방법론은 아니다.

1.3.4 6시그마(Six Sigma)와 트리즈

객관적인 통계 수치로 모든 프로세스를 측정·분석하는 기업의 무결점 운동의 한 방법이다. 품질경영 혁신기법으로 '어떻게 하면 품질을 획기적으로 향상시킬 수 있을까'로부터 출발한다. 6시그마 품질수준이라고 하면 결함이 발생할 비율이 3.4ppm(Parts Per Million), 즉 100만 개 중에 3~4개밖에 되지 않는 경우를 의미한다. 6시그마 경영은 통계척도를 사용하여 품질수준을 정량적으로 평가한다. 6시그마 방식은 다음과 같은 면에서 장점을 가지고 있다.

① 과거에는 개별적으로 사용되던 통계적 도구들을 하나의 체계 속에서 연관지어 사용한다.
② 문제해결에 대하여 전체적인 이정표를 제공한다.
③ 변동의 관리에 관심이 집중되어 있다.
④ 다양한 기업 모두에 적용할 수 있는 공통어를 가진다.

6시그마는 프로세스를 중시한다. 모든 일은 프로세스이며 심지어 자신이 하는 일을 프로세스로 표현하지 못하면 아무런 일도 하지 않는 사람으로 인식한다. 모든 프로세스는 인풋(inout)과 아웃풋(output)이 있다. 이 모든 것들이 한 눈에 파악이 되어야하고 회사의 모든 구성원들이 '점'으로 일하지 않고 '입체'로 일하게 해야 한다. 창의성을 위한 구체적인 방법론은 아니다.

6시그마 기법과 트리즈는 상호 대치되는 기법이 아니다. 상호 보완적이다. 6시스마에는 문제를 해결하는 구체적인 방안이 없다. 문제를 새롭게 정의하는 단계가 없다. 특히 모순문제는 해결할 수 없다는 사고관성의 연장선에서 문제를 해결한다. 때문에 현업에서 발생하는 낮은 수준의 문제를 제외하고는 혁신적인 해결책을 6시그마로부터 찾을 수 없다. 현업에서 해결책을 찾지 못하는 어려운 문제의 대부분은 모순이 들어 있다. 모순을 해결하는 새로운 방법론이 바로 트리즈이다. 때문에 트리즈와 6시그마는 상호 보완적인 관계다.

1.4 왜 문제해결이 어려운가?

트리즈는 문제를 창의적으로 해결하는 새로운 방법론이다. 트리즈에서 말하는 문제란 무엇인가? 우리들이 가진 일상의 문제의 종류는 무한히 많다. 트리즈는 주로 기술영역의 문제해결에 사용된다. 트리즈에서 말하는 기술문제는 모순으로 표현되는 난이도가 높은 문제들이다. 알트슐러의 기술발전 연구에 의하면 혁신적인 기술개발은 모순을 극복하여 나온 것으로 볼 수 있다. 만일 현재 우리가 가진 기술문제가 모순을 포함하고 있다면, 그 모순을 극복하면 혁신적인 해결책이 된다는 의미이다. 이미 많은 성공사례로 증명된 사실이다. 현재까지 트리즈로 해결한 많은 문제들은 혁신적인 결과를 준 것으로 평가되고 있다. 때문에 트리즈가 많은 기업들에서 사용되고 있다고 볼 수 있다.

다음 그림은 트리즈의 문제해결단계를 그림으로 나타낸 것이다. 문제 속에 모순이 들어 있는 경우 창의적인 해결책을 찾지 못하고 문제해결과정에서 절충을 선택하게 된다. 우리들이 가지고 있는 여러 가지 문제들을 해결하는데 가장 큰 어려움은 무엇일까? 아마 많은 사람들은 문제에 대한 경험과 지식의 부족이 문제해결을 어렵게 하는 것으로 생각할 것이다. 아니다, 저사의 경험에 의하면 지식의 부족이 문제해결에 어려움을 주는 경우는 극히 적었다. 심리적 장벽에 의한 고정관념이 혁신적인 해결책을 찾는데 가장 큰 장애였다. 문제 속에 모순이 들어 있는 경우 대부분의 연구자들은 심리적으로 문제를 해결 할 수 없어 라고 생각하는 경향이 아주 강하다. 모순을 어떻게 해결한단 말인가? 모순을 근본적으로 해결하는 방법은 없다. 때문에 적당하게 절충하는 수밖에 없어 라고 생각하게 된다.

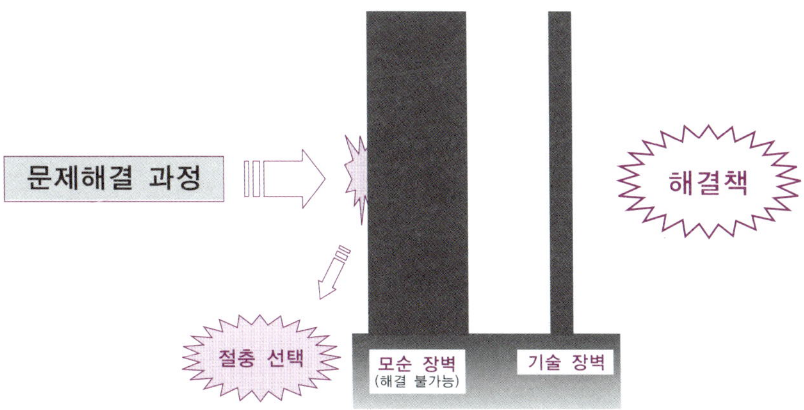

트리즈는 모순을 찾고 모순을 해결하는 방법론이다. 다음 그림은 연구자들의 심리적 장벽을 실용트리즈가 돌파 하는 과정이다. 하지만 지식과 경험의 영역인 기술장벽은 트리즈가 돌파하지 못한다. 일반적으로 문제해결이 어려운 것은 기술장벽 때문이 아니다.

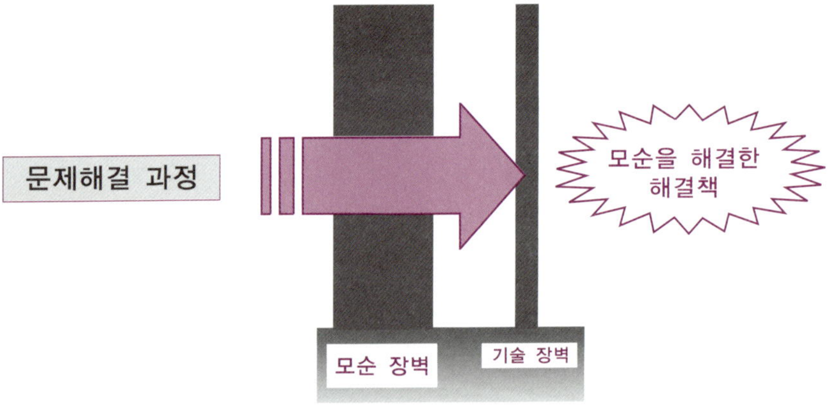

실용트리즈의 단계별 문제해결 과정을 통하여 모순장벽을 확실하게 돌파할 수 있다. 트리즈는 확실하게 모순을 극복할 수 있게 한다. 하지만 트리즈의 단계별 문제해결 과정자체가 전문지식의 부족을 보완하지는 못한다. 근본적으로 문제에 대한 전문지식은 각자가 공부해야 한다. 전문지식이 부족하면 문제 자체를 정확히 정의할 수 없다. 때문에 문제에 대한 전문지식은 문제해결의 전제 조건이다. 트리즈는 지식을 보완할 수 있는 도구가 아니다. 어떤 기법도 지식 자체를 보완하지 못하는 것은 너무도 당연하다. 지식은 전적으로 자신의 몫이다. 다양한 경험과 넓고 깊은 지식이 있어야 고차원의 문제를 트리즈로 해결할 수 있다. 문제해결에서 가장 중요한 것은 문제의 해결 방향이다. 심리적인 장벽을 돌파하고 나면 기술장벽을 만나게 된다. 많은 경우 기술장벽은 전문기술자들과 전문지식 소프트웨어를 활용하면 된다. 오늘날 정보화 세계는 특수한 경우를 제외하고 지식은 문제가 되지 않는다. 지식은 주변에 있다. 다만 우리들이 그것을 이용할 줄 모를 뿐이다. 다음 그림은 우리들이 가진 고정관념을 극단적으로 보여주는 예이다.

가로등 아래에서 잃어버린 열쇠를 찾고 있는 사람이 있다. 지나가던 사람이 그 사람에게 왜 계속 같은 장소에서만 열쇠를 찾고 있습니까?라고 물었다. 그는 이렇게 대답했다.
"여기가 가장 밝으니까요."
기존의 문제해결 방법이 이와 다르지 않다. 자신의 지금까지의 지식과 경험으로 문제를 해결하고자 한다. 자신의 경험과 지식으로 해결될 수 있는 것은 문제가 아니다. 왜냐하면 문제는 지식과 경험으로 해결되지 않는 것을 말하기 때문이다.

제 2 장

알트슐러의 트리즈(TRIZ)

과정목표 알트슐러 트리즈의 문제해결 방법론의 종류와 개요를 이해한다.

기대효과 기존 트리즈의 문제해결 방법론들을 실용성의 측면에서 알 수 있다.

2.1 트리즈의 개요

트리즈(TRIZ; Teoriya Reshniya Izobretatelskikh Zadatch)는 Theory of Inventive Problem Solving(발명문제해결 이론)이라는 뜻의 러시아어 약자이다. 이 이론은 1946년 러시아의 알트슐러(G.S. Altshuller)에 의하여 개발되었다. 그는 과학기술의 발전 속에는 예측 가능한 유형이 있다는 사실을 발견하였다. 즉 과학기술 분야의 발전에는 일정한 법칙이 존재한다는 것이다. 여기서 법칙이라 함은 예를 들면, 뉴턴의 운동법칙이 우주의 상태와 운동을 설명하는 구체적인 이론으로 되어 있는 것처럼 트리즈도 창의적 행위가 무엇인가 라는 문제를 구체적으로 설명할 수 있는 이론적인 체계를 가짐을 말한다. 이 말은 지금까지 선천적으로 타고난 몇몇 사람들이 가지고 있는 특별한 능력으로 창의성과 발명을 설명해 왔던 우리들의 인식을 근본적으로 뒤집는 놀라운 사실이다.

트리즈는 일종의 연산형식을 지닌 구체적이고 도식화된 단계를 밟아가는 이론으로 현재까지 수많은 문제를 해결하여 오고 있다. 트리즈는 수십만 건의 특허 및 기술 발전의 역사를 분석하여 문제해결원리를 추출한 것으로 체계화된 연구개발 이론이다. 트리즈는 연구자의 사고를 촉진하여 창의적인 해결안을 도출하도록 한다.

G. S. Altshuller

트리즈는 발명특허를 기반으로 하여 만들어진 문제해결방법론이다. 때문에 과학기술 문제해결에 아주 유용하다. 트리즈에는 객관적이고 논리적인 분석이 가능한 구체적인 문제해결방법론들이 많이 있다. 기술문제해결에 트리즈를 활용해보면 상당히 재현성 있는 결과를 준다. 임의의 문제를 여러 사람이 트리즈를 사용하여 해결책을 찾았을 때 유사한 결과를 준다.

2.2 트리즈의 문제해결 방법론

이 장에서 알트슐러 트리즈의 전반적인 내용에 대한 개요를 설명한다. 다음 장에서 설명되는 본 책의 핵심 내용인 단계별 문제해결(3SPS, 4SPS)를 이해하기 위하여 초기 알트슐러 트리즈의 전반적인 흐름에 대한 이해가 필요하다. 이 단원에 나오는 많은 방법론들은 창의성을 높이는 좋은 방법론들이다. 초기 알트슐러가 만든 방법론 뿐만이니라 최근 추가된 새로운 방법론에 대한 설명도 있다. 일부는 실용성이 거의 없거나 현재 사용되지 않는 것도 있다. 하지만 트리즈의 전반적인 이해에 필요한 것으로 생각된다.

2.2.1 기술진화와 기술시스템

알트슐러는 전 세계의 선도적인 공학 분야의 많은 특허들을 분석하였다. 그 결과 기술시스템의 진화패턴에 대한 이해를 얻게 되었다. 알트슐러의 연구에 따르면, “모든 기술시스템의 진화를 지배하는 객관적인 법칙이 존재 한다”는 것이다. 이 법칙에 의하면 기술시스템의 진화과정에서 기술의 정점에 도달한 시스템의 한 부분을 개선하게 되면, 다른 부분과의 충돌이 생기게 된다. 이 충돌로 결국 진화가 덜 일어난 부분에 대한 새로운 개선이 일어나게 된다. 이런 계속되는 자발적인 과정은 시스템을 이상적인 형태로 점점 만들어 가게 된다.

우리는 일반적으로 특정 목적 또는 기능을 수행하기 위하여 인위적으로 생성된 유무형의 집합체를 시스템이라고 정의한다. 이러한 시스템은 기술적, 경제적 요구를 수용하는 과정에서 다양한 문제에 직면하게 된다. 이러한 문제들은 시스템이 발전하기 위해 반드시 넘어야 하는 일종의 장해물로 작용하게 된다. 특정 기능을 수행하기 위해 존재하는 모든 유형의 기술시스템은 진화과정에서 직면하는 다양한 문제를 극복하면서 S 자형 곡선을 따라 성장하게 된다.

신제품의 출현을 미리 예측하고 대비하는 가장 중요한 위치에 있는 사람이 기업의 연구소장과 사장일 것이다. 트리즈의 기술진화패턴의 개념은 기업의 임원들이라면 반드시 알아야 할 필수적인 지식이다. 기술진화 과정을 이해하면 기술시스템의 미래의 발전방향을 예측할 수 있다. 이 책에서는 기술진화법칙에 대한 상세한 설명은 생략한다.

2.2.2 이상해결책(IFR)

이상성(Ideality)은 트리즈의 중요한 기본 개념 중의 하나로 다음과 같은 식으로 표현된다. 다음 식에서 '유용한 기능의 합'은 시스템기능의 모든 가치 있는 것들을 포함한다.

$$\text{이상성} = \frac{\text{유용한 기능 합} \uparrow}{\text{유해한 기능 합} \downarrow}$$

'유해한 기능의 합'은 시스템의 비용, 공간, 에너지 손실과 같은 것들을 포함한다. 이러한 이상성의 개념은 유용한 기능은 증가시키고 유해한 기능을 감소시킴으로써 달성할 수 있다. 이러한 등식의 극대 값을 IFR(Ideal Final Result)이라고 한다.

모든 시스템은 그 시스템 자체가 목적이 아니라, 어떤 특정한 기능을 수행하기 위해서 존재한다. 즉 시스템은 기능을 수행하기 위한 하나의 도구일 뿐이다. 동일한 기능을 수행하는 여러 가지 시스템을 평가할 때 더 좋은 시스템은 즉 이상적인 시스템(Ideal System)이란, 더 적은 자원을 소모하는 시스템이다. 이상적인 시스템은 그 기능을 위한 어떤 재료도 사용하지 않고, 어떠한 에너지나 공간도 필요하지 않으며, 유지보수 또한 필요하지 않다. 한마디로 말하면 이상적인 시스템은 요구되는 기능을 수행하면서도 존재하지 않는 시스템이라고 할 수 있다. 비록 이러한 시스템을 달성하는 것이 불가능할지라도 이상성의 개념은 문제 해결자로 하여금 심리적 타성을 극복하게 하는 좋은 수단이 된다. 이상해결책은 사고관성을 제거하는데 아주 유용하다.

2.2.3 모순

알트슐러의 연구에 의하면 많은 기술문제는 최소한 한 가지 이상의 모순을 포함하고 있다. 여기서 모순은 하나의 요소를 개선하려는 시도가 다른 것을 손상시키는 상황을 말한다. 트리즈의 핵심은 문제를 야기시키는 모순을 찾아 해결하면 혁신적인 실제 문제의 해결책이 될 수 있다는 것이다. 문제를 야기시킨 모순을 이용하여 문제를 본질적으로 해결하는 적극적 방법론이 바로 트리즈이다. 기술문제에는 모순이 있고 그 모순을 해결하기 위한 방법들을 트리즈 전문가들이 개발하여 왔다. 이 모순해결 방법론은 기술문제 뿐만 아니라 다양한 비기술문제들을 해결하는 새로운 표준 모델이 되어가고 있다.

알트슐러는 문제를 창의적으로 해결하는 공통분모는 모순의 극복이라고 생각하고 집중적인 연구를 하였다. 알트슐러의 정의에 의하면 문제란 모순을 포함하는 것을 의미 한다. 때문에 문제의 해결이란 모순을 극복하는 모순해결책을 의미한다. 트리즈에서 모순의 이해가 가장 중요하다. 모순을 정확하게 이해하지 못하면 트리즈를 모르는 것이다. 어떤 하나의 변수가 서로 다른 값을 동시에 가져야 하는 경우를 모순이라 말한다. 알트슐러는 트리즈에서 모순을 두 가지로 새롭게 요약 정의하였다. 기술모순과 물리모순이다. 기술모순은 문제 속에 들어 있는 두 요소가 기능을 수행하는 과정에서 서로 충돌하여 발생하는 모순이다. 반면 물리모순은 한 요소의 물리량이 기능을 수행하는 과정에서 충돌하여 생기는 모순이다. 기술모순에 비하여 물리모순이 압도적으로 현업 문제해결에 유용하다. 때문에 이 책에서는 물리모순을 주로 사용한다. 모순은 여러 가지 예를 통하여 쉽게 이해할 수 있다.

다음은 물리모순의 예이다. 자전거의 체인은 동력을 전달하기 위하여 충분히 단단해야 한다. 하지만 둥근 페달과 둥근 뒷바퀴를 움직이기 위해서 유연해야 한다. 즉 단단하기도 하지만 유연해야 하는 것이다. 다른 예로 비행기의 바퀴는 있어야 하고 없어야 한다. 이착륙을 하기 위하여 바퀴는 반드시 있어야 한다. 하지만 비행 중에는 공기 저항을 줄이기 위해 없어야 한다. 이런 것들이 물리모순이다. 물리모순은 분리원리를 해결책으로 사용하고 있다. 이 중에서 실용성이 높은 4가지 분리원리는 ① 시간에 의한 분리, ② 공간에 의한 분리, ③ 전체와 부분에 의한 분리 및 ④ 조건에 의한 분리이다.

트리즈의 물리모순을 찾을 수 없는 현업의 문제는 거의 없다. 물리모순개념을 부분적으로 확장하면 대부분의 문제에서 물리모순을 찾을 수 있다.

문제해결에서 모순은 가장 중요하다. 모순개념은 문제를 다양한 각도로 바라보게 하고 이 과정에서 사고의 관성을 제거해 주는 수단으로 활용성이 아주 높다. 사실상 트리즈의 많은 방법론 중 가장 실용적이고 중요한 핵심 내용이 물리모순이다. 모순이 없는 트리즈는 트리즈가 아니다. 왜냐하면 모순이 없는 문제는 트리즈의 문제가 아니기 때문이다(알트슐러).

2.2.4 39가지 파라미터와 40가지 발명원리

알트슐러와 그의 동료들은 전 세계의 중요 특허들을 소사하여 기술모순 관계를 갖는 39개의 파라미터를 발견하였다. 그들은 이 39개의 파라미터를 가로와 세로로 나열한 '모순테이블'을 만들었다. 알트슐러는 어떤 기술문제가 모순관계를 가지고 있다면 '모순테이블'에서 모순을 해결할 수 있는 방법을 찾을 수 있다고 보았다. 이 모순을 해결하는 40가지의 방법을 '40가지 발명원리'라고 하였다.

40가지 발명원리 자체는 트리즈를 처음 배우는 사람들이 이해하기 쉽고 문제해결에 적용하기에 좋은 방법론으로 생각된다. 하지만 40가지 발명원리 자체가 창의성을 높여주는 것으로 보기는 어렵다. 발명원리는 과거부터 현재까지 많은 발명가들이 사용하고 있는 문제해결의 한 가지 유형일 뿐이다. 알트슐러의 40가지 발명원리는 기존의 발명가들이 사용해온 여러 가지 문제해결 방법론들을 체계화한 것으로 볼 수 있다. 특히 1900년대 중반에 출원된 기계 관련 특허사례를 통계적으로 분석하여 40위까지 순위를 매긴 것은 의미가 있을 수 있다. 40이라는 순위는 알트슐러박사의 주관이 깊이 개입된 것으로 볼 수 있다. 과연 2015년 정보화시대에도 40가지 발명원리의 순위가 의미가 있을까? 검토가 필요하다.

저자의 경우 트리즈를 알기 이전부터 여러가지 발명원리를 연구개발에 실제로 많이 사용하였다. 단순한 기술문제의 해결에는 상당한 도움이 되었다. 하지만 복잡한 현업 기술문제해결에는 한계가 많았다. 40가지 발명원리를 기억하고 많은 적용 예들을 알고 있다면 문제해결에 도움이 되는 것은 분명하다. 발명원리를 실제 문제해결에 유용하게 사용하는 국내 트리즈 전문가도 있다.

문제의 해결에서 모순테이블은 많은 한계성을 가진 것으로 밝혀지고 있어 사용되지 않는 추세이다(알트슐러의 경우도 모순테이블의 한계성을 인정함). 초기 트리즈 개발자들이 모순을 해결하는 만능 테이블을 만들고자 한 의도는 당시로서 의미가 있었을 수도 있다. 왜냐하면, 구 쏘련의 폐쇄된 공산주의 사회에서 성장한 알트슐러의 기술지식의 입장에서 보면, 모순테이블이 문제를 해결하는 만능상자로 보일 수도 있었을 것이다. 오늘날의 많은 새로운 문제들을 모순테이블로 만들어 분석하는 것은 불가능한 것으로 생각된다.

아직도 40가지 발명원리를 트리즈의 핵심 방법론으로 잘못 알고 있는 사람들이 많다. 40가지 발명원리는 트리즈의 문제해결 방법론들 중의 한 가지일 뿐이다.

2.2.5 물질-장 모델

물질-장 분석은 시스템과 관련된 문제를 모델링하기 위한 트리즈 도구 중의 하나이다. 모든 시스템은 특정한 기능을 수행하기 위하여 만들어 진다. 시스템에 의해 수행되는 기능은 최소한 세 개의 구성요소를 포함한다. 두 개의 물질(Substance)과 하나의 장(Field)으로 구성되는 것으로 볼 수 있다. 이 세 가지 구성 요소들로 이루어진 삼각형으로 문제를 깊이 있게 분석하고 자신의 지식을 활용하게 하는 것이 물질-장의 분석이다.

물질-장은 도구(Tool)와 대상(Object)으로 구성되어 있다. 도구에서 대상으로 작용하는 기능은 유익한 기능, 유해한 기능 및 불충분한 기능의 세 가지가 있다. 보다 상세한 내용은 관련 책들을 참고 하기 바란다. 물질-장의 개념은 전문적인 과학지식을 가진 사람도 이해하기 어려운 내용이 많다. 특히 너무 많은 종류의 모델로 인하여 창의력 향상을 위한 교육용 자료로 활용하기에 어렵다라는 생각이다. 더구나 물질-장이라는 용어의 의미는 일반 사람들이 이해하고 받아들이기에 어렵다. 이 내용을 일반 독자들에게 추천할 수 있는 내용은 아니다. 하지만 전문적으로 트리즈를 공부하고자 한다면 물질-장의 개념은 중요하다.

2.2.6 76가지 표준해

표준해는 물질-장의 삼각형 모델로 표현되는 대표적인 76가지 문제해결 방법론 중의 하나이며, 표준해는 문제를 물질-장으로 76가지로 분석할 수 있음을 의미한다. 표준해를 이용하면 복잡한 문제의 해결책을 찾는데 많은 시간을 절약할 수 있는 것으로 알려져 있다. 하지만 실제 문제의 해결에 76가지 표준해를 적용하여 성공적인 해결의 결과는 많지 않다. 왜냐하면 문제를 분류하는 종류가 너무 많고 이해하기 어렵기 때문이다.

표준해는 크게 5가지(Class)로 분류되어 있고 이들 각각은 또한 몇 개의 하부 구조를 가지고 있다. 표준해는 기존의 발명에 대한 분류와 정리에는 큰 의미가 있다. 하지만 창의적인 아이디어의 도출이나 문제해결의 수단으로 실제 적용하여 사용하기에는 한계가 있다. 트리즈의 방법론들 중 가장 어렵고 가장 많은 내용을 포함하기 때문에 오히려 사용하기 어렵다. 상당한 수준의 과학기술지식을 가진 사람만이 이해 할 수 있고 현업에 적용할 수 있다. 세부 내용은 트리즈 관련 전문 서적을 참고하기 바란다.

2.2.7 자원(Resource)

자원이란 문제해결에 이용 가능한 모든 것을 의미한다. 이 개념은 평소 우리들이 중요하게 생각하고 있지 않은 물질, 에너지, 공간, 진공, 시간 등에 대한 적극적인 새로운 의미 부여로 볼 수 있다. 자원 활용의 가장 큰 특징은 이용에 따른 비용이 거의 들어가지 않지만 결과는 높게 나타나는 것이다. 모든 문제해결에 자원의 개념을 적용해 보는 것은 문제를 다른 각도로 생각하게 하는 좋은 방법이다. 기존 알트슐러의 트리즈에서는 자원을 구체적으로 어떻게 문제해결에 적용하는가에 대한 설명이 미흡하다. 때문에 자원이 문제해결에 중요한 것으로 알고는 있지만 실제 적용에는 많은 어려움이 있다.

우리는 자원을 잘 활용한 예를 우수 발명품 전시회 등에서 자주 접하고 기발한 아이디어로 평가하곤 한다. 여기서 말하는 자원이란 말은 전적으로 상황에 따른 상대적인 의미이다. 과거 인기 TV 연속극 중의 하나였던 맥가이버에서 주인공이 위급한 순간마다 주변 환경으로부터 기발한 해결책을 찾아내는 것은 자원 활용의 좋은 한 예로 볼 수 있다. 또한 자원 활용의 예로 제트기류를 이용하여 비행기의 연료를 절약하거나 자동차의 엔진 열원을 활용하여 자동차 내부를 따뜻하게 하는 것 등도 있다. 문제를 다르게 바라보는 사고의 한 가지이다. 문제를 해결하는 새로운 방법론으로 보기는 어렵다.

2.2.8 효과(Effects)

연구개발 분야에 있는 사람이라면 누구나 문제를 해결하기 위한 폭 넓은 과학지식의 필요성을 느낄 것이다. 연구개발자들은 물리, 화학 등에 대한 기초과학 지식이 문제의 해결에 반드시 필요하다. 우리들은 학교에서 기술자들에게 필요한 많은 기초과학의 법칙, 이론을 배운다. 그러나 이들 과학 지식에 대한 활용도는 높지 못하다.

알트슐러는 다양한 과학과 공학분야의 지식을 사용하기 쉽도록 체계화하여 지식기반을 구성하여 놓았다. 이것이 트리즈에서 말하는 효과이다. 지식기반으로써 수많은 특허와 과학기술 원리들을 응용하기 쉽게 분류하여 사용하기에 편리하게 만들었다. 하지만 이 효과는 체계적이지 못하고 실용성이 낮다. 트리즈에서 말하는 효과는 엄밀한 의미에서 과학용어를 분야별, 기능별로 새롭게 정리한 것에 불과하다.

때문에 기초과학 특히 우리의 과학교육을 기반으로 하여 대폭 재정리하고 보완하지 않으면 그 효과의 실용성은 낮다. 이 책을 읽는 독자들 중에서 과학을 전반적이고 응용 중심으로 공부한 사람이 있다면 우리의 교육에 맞는 효과에 대한 책을 집필하기 바란다. 과학기술의 발전에 좋은 업적이 될 것이다. 최근 컴퓨터를 활용한 기능별 과학기술지식에 대한 정리는 유용성이 아주 높은 것으로 보인다. 트리즈 방법론의 공부에 컴퓨터에서 분류, 정리된 과학기술지식을 잘 활용하면 연구개발에 많은 도움이 될 것이다.

2.2.9 STC(Size, Time, Cost) 연산자

이 연산자는 많은 발명가들이 문제해결에 일반적으로 사용하는 방법 중의 하나이다. 문제를 분석할 때 크기, 시간 및 비용을 극대와 극소로 생각해 보는 것이다. 여기서 S(Size) 연산자는 물체의 크기를 점차적으로 무한히 크게 한다면 하는 사고와 반대로 무한히 작게 한다면 하는 사고를 의미한다. T(Time) 연산자는 시간의 길이를 무한히 길게 한 경우와 반대로 무한히 짧게 생각하는 것을 의미한다. 반면 C(Cost) 연산자는 발명품의 제작과 시간에 대하여 종합적으로 생각하는 것으로 비용이 무한히 많이 투입될 경우와 반대로 비용이 거의 들어가지 않는 상황을 극대극소로 생각해 보는 것을 의미한다. 저자는 이 방법을 극대극소라는 이름으로 오래 전부터 사용하고 있다. STC 연산자는 연구자의 심리적인 무력감을 해소하고 문제에 대한 사고관성을 감소시키는 역할을 한다. 많은 연구개발자들이 일반적으로 사용하는 것과 큰 차이가 없다.

2.2.10 초소형 난쟁이 모델

이 모델은 문제가 있는 기계나 장비 또는 어떤 대상이 수많은 초소형의 난쟁이로 구성되어 있는 것으로 상상하는 사고 방법이다. 이 방법은 난쟁이의 눈으로 문제의 대상을 바라보게 하는 것이다. 이 난쟁이들은 스스로 생각하고 움직이면서 문제의 해결책을 미시적인 수준에서 찾게 된다. 다른 트리즈의 방법론을 적용하면서 난쟁이 모델을 같이 적용할 수 있다.

2.2.11 아리즈(ARIZ)

아리즈는 창조적 문제해결 알고리즘(Algorithm for Inventive Problem Solving)이란 뜻의 러시아어의 머리글자로 트리즈의 결정판으로 볼 수 있다. 이 방법론은 복잡한 문제를 해결하기 위한 일련의 논리적이고 구조적인 문제해결 과정을 가지고 있다. 여기서 알고리즘이란 단어는 문제해결을 위한 연속적인 과정을 의미한다. 아리즈는 트리즈의 여러 가지 방법론을 종합적으로 사용하여 어렵고 복잡한 문제를 해결할 수 있는 가장 수준 높은 방법론이다.

하지만 이 방법론은 공부에 많은 시간이 필요하고 너무 어렵다는 단점이 있다. 이 방법론을 사용하여 문제를 해결하는 사람들은 많지 않다. 초기 알트슐러의 아리즈는 실용성을 높인 새로운 버전으로 계속해서 수정·보완되고 있다. 그러나 아직도 아리즈의 실용성은 높지 못하다. 높은 창의성을 필요로 하는 문제해결에는 수정·보완된 새로운 아리즈가 유용한 수단이 되어갈 가능성이 높다.

저자는 2004년 이후 한국트리즈협회에서 트리즈 전문가로부터 정통 아리즈(ARIZ) 교육과정을 80시간 이상 교육 받았다. 킴스트리즈 www.kimstriz.co.kr(2,000쪽 이상의 트리즈 관련 자료들이 공지되어 있음) 자료실에 당시 해결한 문제해결 사례가 일부 공지되어 있다. 트리즈를 깊이 있게 공부하고자 하는 사람들에게 도움이 되길 바란다. 이 책의 4단계문제해결(4SPS)를 이해한 독자라면 아리즈의 개념을 비교적 쉽게 이해할 수 있다. 왜냐하면 실용트리즈는 아리즈의 문제해결단계를 우리에게 맞게 실용적으로 개발한 결과이기 때문이다.

전 세계적으로 초창기 아리즈를 여러 가지로 수정 보완한 새로운 버전이 몇 개 만들어졌다. 이 중에서 짧은 시간에 복잡한 현업문제를 해결할 수 있는 검증된 새로운 실용적인 아리즈가 실용트리즈라고 볼 수 있다. 독자들은 이 책을 통하여 쉽게 이 사실을 알 수 있을 것으로 생각된다.

2.2.12 알트슐러 트리즈에 대한 종합

트리즈는 알트슐러와 그의 동료들이 발명특허를 분석하여 찾아낸 문제해결의 공통분모들을 정리하여 만들었다. 트리즈는 기존의 발명에 대한 분류와 해석에서는 획기적인 업적으로 평가된다. 하지만 창의력 향상을 위한 교육용과 현업문제를 해결하는 컨설팅용으로 사용하기에는 문제가 많다. 왜냐하면 트리즈의 지식이 현업 문제해결에 실제로 사용하기에 어렵기 때문이다. 트리즈를 오랫동안 공부한 많은 트리즈 전문가들이 현업의 다양한 문제들을 실제로 해결하지 못하고 있다.

트리즈의 방법론들에 대한 좋은 점과 실용적이지 못한 점을 설명하였다. 사람에 따라서 평가는 다를 수 있다. 트리즈를 공부하는 사람들에게 참고를 위한 것이지 절대적인 기준은 아니다. 저자는 알트슐러 박사를 존경하며 그의 초기 업적을 아주 높이 평가한다. 다만 트리즈를 많은 사람에게 알리고 사용하게 하기 위한 욕심에서 실용성을 강조하면서 일부 내용에 대한 부정적인 평가를 했다. "트리즈는 완성된 것이 아니라 진행형이다."라고 말씀한 알트슐러 박사님의 견해에 전적으로 공감한다. 앞으로 트리즈는 계속 발전 해 나갈 것이다. 이 책의 주장은 트리즈 전반에 대한 평가는 아니다.

앞에서 설명한 트리즈의 여러 가지 방법론을 알고 있는 것과 문제를 직접 해결하는 능력은 관련성이 거의 없다. 자신의 성격에 잘 맞는 한 두 가지 트리즈 방법론을 우선적으로 집중적으로 공부하여 사용할 수 있어야 한다. 이것이 창의적으로 문제를 해결할 수 있는 능력을 높이는 좋은 방법이다. 임의의 현업문제에서 물리모순을 스스로 찾을 수 있다면 당신은 진정한 트리즈 전문가이다.

2.3 트리즈의 실용화

기존 알트슐러 트리즈의 실용화가 필요하다. 많은 사람들이 기존의 트리즈가 실제 문제해결에 사용할 수 없다는 말을 자주 한다. 트리즈는 문제에서 물리모순을 찾아 해결하는 방법론이다(알트슐러). 문제에서 어떻게 물리모순을 찾아가는 가에 대한 설명이 기존의 트리즈에서는 아주 부족하다. 모순을 찾지 못하면 사실상 문제해결에 트리즈를 사용할 수 없다. 때문에 트리즈를 아주 많이 공부한 사람들에게도 현업 문제에서 모순을 찾아 해결책을 찾는 것은 어려운 일이다. 현업 문제에서 물리모순을 찾기 위하여 문제를 재정의 하여야 한다. 문제를 어떻게 재정의 하는가에 대한 구체적인 설명이 기존의 트리즈에 없다. 문제를 재정의할 수 없으면 모순을 찾을 수 없다. 트리즈의 실용화에서 가장 중요한 것은 문제에서 쉽게 물리모순을 찾게 하는 것이다. 현업의 복잡한 문제들에서 쉽게 물리모순을 찾아내는 새로운 방법이 개발되었다. 이를 실용트리즈라 한다.

2.3.1 실용트리즈란?

실용트리즈는 알트슐러의 트리즈를 실용적으로 현업 문제해결에 쉽게 사용하기 위하여 개발하였다. 실용트리즈의 체계는 2005년 한국의 김호종 박사가 개발하였다. 2006년 이후 실용트리즈는 기업의 복잡한 현업 고질기술문제들을 해결하여 오고 있다. 많은 기업, 연구기관 및 대학 등에서 실용트리즈 교육 및 컨설팅이 진행되었다. 2015년 현재 실용트리즈는 많은 사람들이 현업문제해결에 실제로 사용하는 새로운 방법론이 되었다. 실용트리즈는 기존 트리즈의 많은 방법론 중 일부 만 사용한다. 하지만 현업 기술문제해결 능력은 아주 높다.

실용트리즈의 문제해결은 철저히 단계별로 진행된다. 3단계 문제해결(3SPS)은 1단계는 경계영역의 도식화, 2단계는 모순도출 3단계는 모순분석이다. 복잡한 문제의 경우 4단계로 문제를 해결한다. 4단계는 3단계에 기능분석을 추가한 것으로 강력한 문제해결 능력을 가진 것으로 평가되고 있다.

2.3.2 실용트리즈의 문제해결 방법론

① 경계영역의 도식화

경계영역의 도식화는 문제의 상황을 그림으로 나타내는 것을 말한다. 기존 알트슐러 트리즈의 "문제의 재정의(문제의 추상화)"에 해당하는 것으로 생각할 수 있다. 문제 자체를 그림으로 그대로 나타내는 것이 아니다. 문제를 일으키는 경계를 그림으로 나타내는 것을 말한다. 문제 자체를 있는 그대로 그림으로 나타내는 것은 객관적이지 못하다. 때문에 실제로 문제를 일으키는 경계부분을 그림으로 나타내어야 한다. 우리들이 잘 알고 있는 일반 그림과는 다르다. 실용트리즈에서 가장 중요한 첫 단계가 바로 경계영역의 도식화이다. 문제의 실체를 정확하게 이해하는 가장 중요한 단계이다. 문제 속에 숨어 있는 트리즈의 물리모순을 쉽게 도출할 수 있게 하는 실용트리즈의 핵심이다.

② 시스템의 기능분석도

문제를 일으키는 각 요소들의 기능을 그림의 형태로 나타낸 것을 기능분석도라고 한다. 트리즈의 문제해결에 기능분석을 활용하기에 많은 어려움이 있다. 왜냐하면 각 요소들의 기능의 관계를 문제와 연결하여 구체적으로 나타낼 수 없기 때문이다. 문제를 일으키는 각 요소들의 기능의 관계를 도식화 시키면 문제의 원인을 쉽게 찾을 수 있다. 문제를 일으키는 각 요소들의 기능이 작용하는 경계부분을 그림으로 나타내어야 한다. 기능분석도에 필요한 3가지 구성요소는 기술시스템, 목표대상 및 환경요소이다. 다음 장에서 상세히 설명된다.

③ 실용트리즈의 물리모순 도출과 분석

트리즈의 문제해결은 모순을 해결하는 것이다. 문제를 해결하기 위하여 반드시 문제 속에 들어 있는 모순을 찾아야 한다. 물리모순 도출이란 문제 속에 들어 있는 물리모순을 찾아 간단한 문장의 형태로 표현한 것을 의미한다. 물리모순을 정확하게 도출할 수 있는 가장 잘 알려진 새로운 방법이 실용트리즈의 첫 번째 단계인 경계영역의 도식화이다. 경계영역의 도식화로부터 쉽게 모순이 도출된다. 모순분석이란? 도출된 모순을 트리즈의 분리원리를 적용하여 구체적인 해결책을 찾아가는 것을 말한다.

④ 요소-상호관계도

비기술문제에서 모순을 쉽게 찾기 위하여 문제를 도식화할 필요가 있다. 비기술문제에서도 도식화된 문제의 재정의가 중요하다. 기술문제에서 경계영역의 도식화와 같은 역할을 하는 것이 바로 비기술문제해결을 위한 요소-상호관계도이다. 기업의 경영문제, 정부기관의 민원문제 등과 같이 사람이 관계되는 문제를 해결하는 것은 어렵다. 최근 기술문제해결에서 트리즈가 잘 알려 지면서 비기술문제해결에 트리즈를 사용하는 사례가 많아지고 있다. 기업의 생산·품질 관리문제, 민원문제, 경영문제 등에 적용된 비기술문제해결 사례가 있다. 트리즈에서 문제를 재성의하고 분석할 때 사람과 사람 및 사람과 사물의 관계를 하나의 시스템으로 본다. 이 시스템을 그림으로 나타낸 것이 요소-상호관계도 이다. 비기술문제에서 모순을 쉽게 찾아낼 수 있는 가장 강력한 방법이 요소-상호관계도를 그려보는 것이다.

2.3.3 실용트리즈의 미래

최근 트리즈가 많은 기업과 대학에서 새로운 문제해결의 도구가 되었다. 사람들은 해결해야 하는 많은 문제들을 가지고 있다. 트리즈가 문제해결에 특히 기술 문제해결에 유용한 것으로 평가되고 있다. 실용트리즈로 현업의 고질적인 기술문제들을 실제로 해결할 수 있다. 가까운 미래 전 세계적으로 실용트리즈가 문제해결의 표준이 될 것이다. 앞으로 10년 이내 실용트리즈의 문제해결 영역은 공학기술을 넘어 기초과학(물리, 화학, 생물, …)과 비기술의 문제를 해결하는 실용적인 도구가 될 것이다.

실용트리즈로 물리학, 화학, ITC 등, 다양한 분야의 과학기술문제들을 실제로 해결할 수 있다. 공학문제와 마찬가지로 기초과학문제도 실용트리즈를 적용하여 모순을 찾아 창의적인 해결책을 찾을 수 있다. 멀지 않은 미래 트리즈는 사람들이 가진 다양한 문제들을 해결하기 위한 가장 보편적인 수단으로 발전할 것이다. 실용트리즈의 문제해결 단계가 미래 트리즈 발전에 큰 토대가 될 것이다.

제 3 장

실용트리즈

과정목표 실용트리즈의 문제해결 단계를 전체적으로 이해하게 한다.

기대효과 실용트리즈로 문제를 창의적으로 해결할 수 있다는 자신감을 가진다.

3.1 실용트리즈의 개요

실용트리즈는 트리즈의 물리모순과 연구개발 경험을 접목하여 현업 문제해결용으로 만들어 졌다. 이 방법을 사용하면 현업의 고질적인 기술문제들을 짧은 시간에 해결할 수 있다. 문제를 단계별로 분석하기 때문에 학습하기 쉽고 문제를 새로운 시각에서 바라보게 한다.

우리들이 접하는 대부분의 현업문제에는 모순이 포함되어 있다. 이런 모순문제들은 기존의 지식과 경험으로 결코 해결책을 찾을 수 없다. 왜냐하면 우리들은 현업의 문제를 고정관념으로 해결하고자 하기 때문이다. 이것이 현업문제를 창의적으로 해결하지 못하는 가장 큰 이유 중의 하나이다. 실용트리즈는 우리들이 가진 과거의 지식과 경험으로 문제를 해결하지 않는다. 문제를 근본적으로 다르게 창의적으로 해결한다.

실용트리즈의 5가지 문제해결 방법론은 ① 경계영역의 도식화, ② 모순도출, ③ 모순분석, ④ 시스템의 기능분석, ⑤ 요소-상호관계이다. 이 5가지 방법론들을 결합한 기술분야를 위한 3단계문제해결(3SPS)과 4단계문제해결(4SPS)이 있고 비기술분야를 위한 3단계문제해결이 따로 있다. 3SPS는 비교적 간단한 문제해결에 사용하는 반면 4SPS는 복잡한 문제의 해결에 사용한다. 문제해결 능력을 높이기를 원한다면, 실용트리즈의 각 문제해결 방법론을 자신의 문제해결에 많이 적용해 보아야 한다. 다음은 기존 트리즈와 실용트리즈의 실용성 측면의 비교이다. 실용트리즈는 문제를 단계별로 체계적으로 해결한다. 실용트리즈는 문제를 해결하는 방법론의 개수가 아주 적다. 때문에 쉽게 배울 수 있다.

트리즈	실용트리즈
방법론의 종류가 너무 많다.	방법론의 종류가 아주 적다. → 4개 이내
공부에 너무 많은 시간이 필요하다.	공부에 소요되는 시간이 짧다. → 20시간 이내
내용을 이해하기 어렵다.	내용을 이해하기 쉽다. → 고등학생도 가능
모순을 찾기 어렵다.	모순을 쉽게 찾는다. → 도식화로부터 물리모순
방법론 적용 순서가 없다.	구체적인 적용 단계가 있다. → 3 또는 4단계
문제 분석이 약하다.	문제를 정확히 분석한다. → 경계영역의 도식화

문제해결 능력은 교육만으로 달성되는 것은 아니다. 직접 문제를 단계적으로 많이 풀어 보아야한다. 책만으로 내용을 파악하는 것에는 한계가 있다. 다음 장에서 실용트리즈의 방법론들을 각각 설명한다.

3.2 실용트리즈의 문제해결 방법론

실용트리즈의 각 단계에 대한 개요와 의미를 설명한다. 먼저 실용트리즈의 5가지 방법론들을 각각 설명한다. 5가지 문제해결 방법론은 ① 경계영역의 도식화, ② 모순도출, ③ 모순분석, ④ 시스템의 기능분석 및 ⑤ 요소-상호관계이다. 이 장에서 실용트리즈의 각 방법론들의 의미와 문제해결 과정을 상세하게 설명한다.

3.2.1 경계영역의 도식화

실용트리즈 전체에서 가장 중요한 핵심내용은 경계영역의 도식화이다. 문제를 이해하지 못한다면 해결책도 찾을 수 없다. 이것은 너무도 당연하다. 문제해결에서 가장 중요한 것은 문제의 실제 상황을 정확하게 이해하는 것이다. 그렇다면 어떻게 하면 짧은 시간에 해결하고자 하는 문제를 쉽게 이해할 수 있을까? 도식화이다. 문제의 상황을 그림의 형태로 나타내면 누구나 쉽게 이해한다. 별도의 설명이 없어도 쉽게 문제의 상황이 이해된다.

실용트리즈의 1단계인 경계영역의 도식화는 바로 문제의 상황을 그림으로 나타내는 것이다. 문제 자체를 그림으로 나타내는 것이 아니다. 문제를 일으키는 경계를 그림으로 나타내어야 한다. 현실적으로 문제 자체를 그림으로 나타내는 것은 객관적이지 못하다. 때문에 실제로 문제가 발생하는 경계부분을 그림으로 나타내어야 한다. 우리들이 잘 알고 있는 일반 그림과는 다르다.

실용트리즈에서 가장 중요한 첫 단계는 '1단계의 경계영역의 도식화'이다. 문제를 정확하게 이해하는 가장 중요한 단계이다. 1단계의 경계영역의 의미는 문제가 직접적으로 발생하는 경계부분을 의미한다. 도식화는 문제가 발생하는 경계영역을 그림으로 간략하게 그린 것을 의미한다. 이 방법론은 기존의 트리즈에는 없다. 경계영역의 도식화는 문제를 짧은 시간에 정확하게 파악하기 위하여 실용트리즈에서 새롭게 도입한 방법 중의 하나이다. 이 방법론을 통하여 문제를 일으키는 가장 본질적인 원인을 도식적으로 쉽게 이해할 수 있다. 뿐만아니라 문제 속에 숨어 있는 트리즈의 물리모순을 쉽게 찾을 수 있다. 다음은 경계영역의 도식화에 대한 세부 설명이다. 1단계인 경계영역의 도식화를 문장으로 설명하면 이해하기 어렵다. 때문에 적당한 예를 통하여 문제가 발생하는 부분을 그림으로 표현하여 설명하도록 한다. 우리들이 생활 중에 자주 경험하는 일반적인 문제를 예로 설명한다.

예제 1

어린이들이 유리문에서 손가락을 다치는 문제가 자주 발생하고 있다. 이 문제를 경계영역의 도식화로 나타내어 분석하면 다음과 같다.

손가락이 다치는 문제의 경계영역의 도식화는 문제를 일으키는 직접적인 원인을 그림의 형태로 나타내는 것을 의미한다. 유리문에서 문제를 일으키는 경계영역은 손가락이 문에 끼여 눌러지는 부분이다. 다음 그림은 손가락이 유리문에 끼여 다치는 상황을 선반적으로 나타낸 것이다.

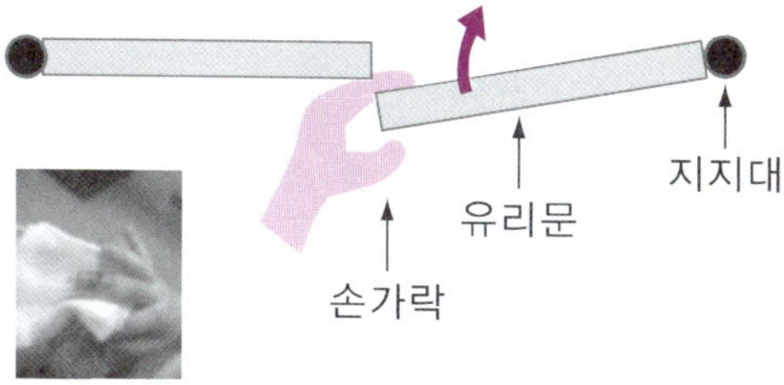

유리문에서 경계영역의 도식화는 문이 손가락을 누르는 상황을 정확하게 그림으로 나타내는 것이다. 그림에서 경계는 문과 손가락이 접하는 부분이다. 이 경계를 중심으로 문제의 상황을 도식적으로 나타내는 것이 경계영역의 도식화에서 가장 중요하다. 다음 그림은 문이 손가락을 누르는 부분을 확대하여 나타낸 경계영역의 도식화이다.

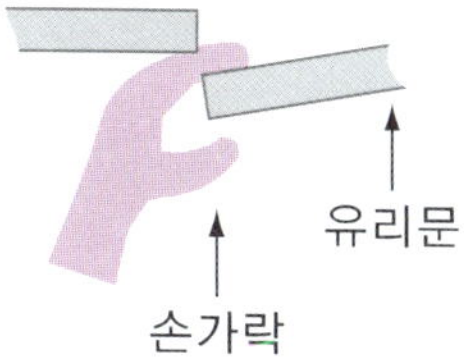

만일 위의 그림 속에 손가락을 그려 넣지 않았다면 문제를 일으키는 경계영역의 도식화 그림이 완전히 아니다. 문제를 일으키는 각 요소들의 경계부분을 마치 사진을 찍는 것처럼 그림으로 나타내어야 한다.

그림에서 경계영역의 도식화를 보면 왜 손가락이 다칠 수밖에 없는가를 누구나 쉽게 알 수 있다. 손가락이 다치는 이유는 아주 간단하다. 문이 손가락을 누르기 때문이다. 그림을 통하여 손가락을 다치는 직접적인 원인을 여러 가지 찾을 수 있다. 문제를 일으키는 원인을 찾는 것은 문제해결에 가장 중요한 단계이다. 만일 문제를 일으키는 원인을 모른다면 해결책의 방향을 찾을 수 없다.

그림으로부터 손가락이 다치는 원인을 쉽게 여러 가지 찾을 수 있다. 손가락이 다치는 원인은 첫째로 문이 닫히기 때문이고 둘째로 문의 닫히는 힘 때문이기도 하다. 세째로 교차하는 두 문의 틈이 너무 좁기 때문이기도 하다. 모두 손가락을 다치게 하는 원인들이 확실하다. 일반적으로 문제를 일으키는 원인을 제거하면 가장 좋은 해결책이 나오는 것은 너무도 당연하다. 그렇다면 손가락을 다치게 하는 세 가지 원인들을 제거할 수 있는지 검토하여 보자.

먼저 문이 닫히는 문제를 보자. 첫 번째 문이 닫히는 문제는 손가락을 다치지 않게 하기 위하여 문을 닫지 않아야 한다. 이것이 해결책이 될 수 있는가? 문의 가장 본질적인 기능은 열리고 닫히는 것이기 때문에 문을 닫지 않는 해결책은 있을 수 없다. 두 번째 문의 닫히는 힘의 문제를 보자. 문을 닫는 힘을 제거하면 문제가 해결될 수 있을까? 아니다. 문에 힘이 작용하지 않으면 문의 닫히는 기능을 수행할 수 없기 때문에 힘을 제거할 수 없다. 세 번째 문의 틈이 좁은 문제를 보자. 해결책은 문의 틈을 넓히면 될 수 있는 것으로 보인다. 하지만 문의 틈을 넓히면 문의 차단 기능에 문제가 생긴다. 위의 문제를 일으키는 세 가지 원인은 해결책을 찾는데 도움이 되지 않는다.

손가락을 다치게 하는 새로운 원인을 앞의 그림에서 찾아야 한다. 앞에서 찾아내지 못한 문제를 일으키는 새로운 원인을 찾아보자. 그림을 자세히 보면 문제를 일으키는 것은 문의 끝 부분이 손가락을 강하게 누르기 때문이다. 교차부분의 문의 소재가 너무 딱딱하여 손가락이 다치고 있다. 명확하게 문제를 일으키는 원인이다. 문제를 일으키는 가장 큰 이유는 문의 끝 부분의 소재가 너무 딱딱하기 때문이다. 해결책은 문의 끝 부분만을 딱딱하지 않은 부드러운 소재로 바꾸면 된다. 이 경우 문의 처음 기능은 그대로 유지 된다. 이 해결책은 여러 가지 다양한 특허로 실제로 등록된 것이다. 다음 그림은 많은 문에 설치되어 있는 유리문의 딱딱한 소재를 유연한 재질로 바꾼 안전문이다.

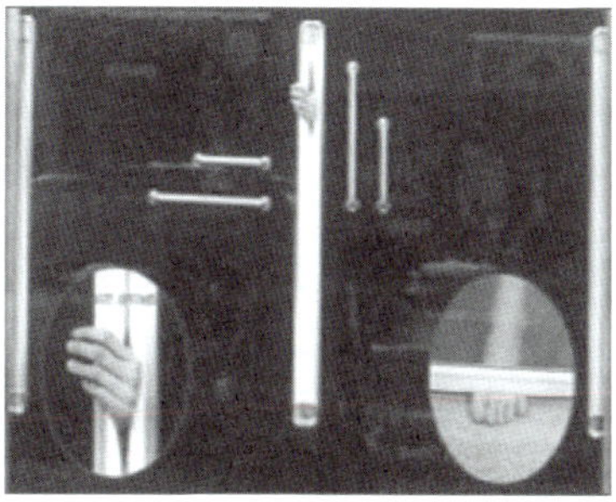

독자들은 경계영역의 도식화를 그림으로 그리고 문제의 원인을 여러 가지 찾아내는 것을 어렵게 생각할 것이다. 저자는 많은 실용트리즈 교육 컨설팅 경험이 있다. 교육에 참석한 많은 사람들은 경계영역의 도식화를 비교적 쉽게 이해하였다.

3가지 정도의 예제를 풀어보면 누구나 경계영역의 도식화를 사용할 수 있다. 앞의 설명에서와 같이 1단계 경계영역의 도식화는 문제의 원인을 찾는데 아주 유용하다.

문에 손가락을 다치는 앞의 예에서 경계영역을 그림으로 나타내지 않고 문제의 원인을 분석하여 보자. 많은 원인을 생각할 수 있다. 손가락을 다친 어린이의 성격이나 가족관계 등과 같은 문제와 직접적인 관련이 없는 많은 것을 생각하게 한다. 이와 같은 생각이 바로 과거의 경험과 지식으로 문제를 해결하게 하는 고정관념으로 작용하게 된다. 이런 생각으로는 모순을 찾을 수 없다. 즉 창의적인 문제해결방법이 아니다.

경계영역의 도식화에서 물리모순을 도출할 수 있다.

실용트리즈의 문제해결은 3단계나 4단계로 이루어진다. 이해를 쉽게 하기 위하여 단계를 나누어서 각각의 방법론을 설명할 뿐이다. 다음 설명은 문의 경계영역의 도식화로부터 물리모순이 쉽게 도출됨을 보이기 위한 것이다.

실용트리즈의 두 번째 단계인 물리모순을 문에서 손가락이 다치는 문제의 경계영역의 도식화로부터 찾아보자. 일반적으로 문의 소재는 딱딱해야 한다. 하지만 문의 소재가 딱딱하면 손가락을 다치게 하는 문제를 발생시킨다. 여기에 바로 물리모순이 있다. 문은 딱딱하기도 하고 딱딱하지 않아야 하는 것이 바로 트리즈의 물리모순이다. 이 모순문제를 해결하는 결과물들은 대부분이 새로운 특허로 등록될 수 있는 창의적인 것이다. 모순을 도출하고 분석하는 2단계 이후의 세부 내용은 다음 단원에서 상세하게 단계별로 설명된다.

실용트리즈에서 모순을 찾기 위한 가장 중요한 단계가 바로 경계영역의 도식화이다. 트리즈에서 문제 속에 들어 있는 모순을 찾아내는 것이 가장 어렵다. 실제로 많은 트리즈 전문가들은 문제 속에서 모순을 찾는 것이 가장 어렵다고 말한다. 만일 문제 속에서 모순을 찾을 수 없다면 트리즈를 적용한 문제해결은 불가능하다. 알트슐러의 트리즈에는 모순을 찾는 구체적인 방법이 없다. 때문에 트리즈 전문가들은 문제해결 경험을 통하여 직관적으로 모순을 찾고 있다. 하지만 실용트리즈에서는 1단계인 경계영역의 도식화를 통하여 쉽게 모순을 도출하고 해결책의 방향을 찾을 수 있다.

사례 1

냉장고의 문과 프레임 사이에서 냉기가 새어 나오고 있다. 때문에 냉장고에 저장한 음식물이 부패한다. 또한 많은 전기를 소모하고 있다. 이 문제를 경계영역의 도식화로 나타내어 분석하면 다음과 같다.

먼저 다음 그림의 냉장고의 문을 자세히 관찰해보자. 냉장고의 프레임과 문 사이에서 냉기가 새어 나오는 이유는 무엇인가? 문과 프레임 사이에 틈새가 있기 때문이다. 문을 밀면 틈새가 없어지는가? 일반적으로 그렇다.

이제 문제의 해결책의 방향을 찾기 위한 경계영역의 도식화를 적용해보자. 냉기가 새어 나오는 부분을 그림으로 그려보자. 이 문제에서 핵심은 냉장고의 문과 프레임 사이에서 냉기가 새어 나오는 틈새(문이 열리게 되면서)가 있기 때문이다. 이 부분을 그림으로 나타내면 다음과 같다. 그림을 보면 왜 냉기가 새어 나오는지 알 수 있다. 프레임과 문의 틈새를 제거하면 문제는 해결된다. 문에 틈새가 있는 것은 문이 열리기 때문이다. 즉 문이 프레임에 붙어 있지 않기 때문에 틈새가 생긴다.

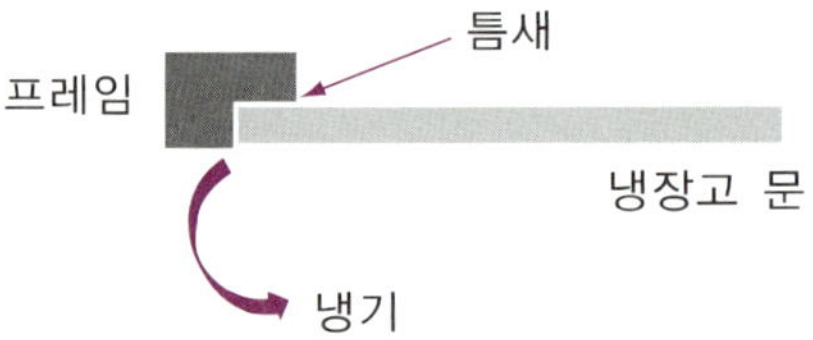

그림에서 문과 프레임이 서로 당기는 힘을 작용하면 틈새는 생기지 않을 것이다(두 부품이 닿는 부분의 가공 상태는 정상적인 경우). 이 같은 해결책에 대한 생각은 그림을 분석하는 약간의 교육을 받을 경우 누구나 쉽게 생각할 수 있다.

이 문제의 해결책은 냉장고 문과 프레임을 서로 당기는 구조로 만들면 된다. 우리는 경험적으로 냉장고에서 냉기가 새어 나오는 경우 문을 잘 닫아야 한다고 생각한다. 여기서 문을 잘 닫는다는 것이 무엇인가? 바로 문과 프레임을 밀착시키는 것이다. 문이 스스로 밀착을 하게 하면 냉기의 누출을 막을 수 있다. 이제 더 이상 문을 잘 닫고자 할 필요가 없다. 왜냐하면 문을 적당히 닫으면, 문이 스스로 프레임과 밀착을 하기 때문이다. 이 같은 방법이 있는가? 있다. 그림을 잘 보라. 이 문제는 초등학교 학생도 쉽게 풀 수 있다. 두 물체가 또는 두 부품이 서로 당기게 되는 것은 초등학교 과학책에도 여러 곳에 나와 있다.

이 문제의 해결책은 냉장고 문과 프레임을 서로 당기는 구조로 만들면 된다. 주변에서 서로 당기는 힘을 내는 방법은 여러 가지가 있다. 가장 경제적이고 적용성이 높은 것은 자석을 이용하는 것이다. 즉 고무 자석으로 된 밀폐용 패킹을 프레임에 붙이면 문은 항상 프레임 방향으로 힘을 받는다. 앞에서 문제를 경계영역 도식화로 나타내는 과정을 예로 설명하였다.

많은 회사의 연구・개발・설계 업무에서 발생하는 많은 문제해결에서 가장 실용성이 높은 방법론 중의 하나가 이 경계영역의 도식화이다. 이해하기 어려운 내용을 그림으로 나타내면 그 해결책을 쉽게 찾을 수 있다. 사람에 따라서 처음에는 이 방법을 사용하기가 어려울 수 있다. 특히 그림에 대한 감각이 낮은 사람의 경우, 이 방법은 어려울 수 도 있다. 그림 자체로 문제를 표현하는 것이 중요한 것은 아니다. 문제의 핵심을 간단한 형태로 표현하면 되는 것이지 그림을 잘 그려야 할 필요는 없다. 너무 상세한 그림은 오히려 문제의 본질을 흐리게 한다. 가장 간단하게 문제의 핵심을 나타내는 것이 중요하다. 다음은 학생들이 직접 풀어볼 수 있는 경계영역 도식화에 대한 연습문제이다.

연습문제

다음은 경계영역의 도식화에 대한 연습문제이다. 앞에서 설명한 문에서 손가락이 다치는 문제의 해결과정을 참고하여 각 연습문제를 풀어라.

1 현수막이 바람에 찢어지는 문제가 자주 발생한다. 문제를 일으키는 경계 부분에 대한 '경계영역의 도식화'의 그림을 그려라.

2 토마토를 자르고 있다. 절단된 토마토 조각이 칼에 달라붙는 문제가 발생된다.
문제를 일으키는 경계부분에 대한 '경계영역의 도식화'의 그림을 그려라.

3 도로변에 있는 배수구에 하이힐의 굽이 끼는 문제가 자주 발생한다. 문제를 일으키는 경계 부분에 대한 '경계영역의 도식화'의 그림을 그려라.

4 불고기 석쇠에 고기기름이 달라붙어 타는 문제가 발생한다. 문제를 일으키는 경계 부분에 대한 '경계영역의 도식화'의 그림을 그려라.

5 유모차에 앉은 아기가 엄마를 볼 수 없는 문제가 있다. 문제를 일으키는 경계 부분에 대한 '경계영역의 도식화'의 그림을 그려라.

6 세면장의 슬리퍼가 물에 젖어 있는 문제가 자주 발생한다. 문제를 일으키는 경계 부분에 대한 '경계영역의 도식화'의 그림을 그려라.

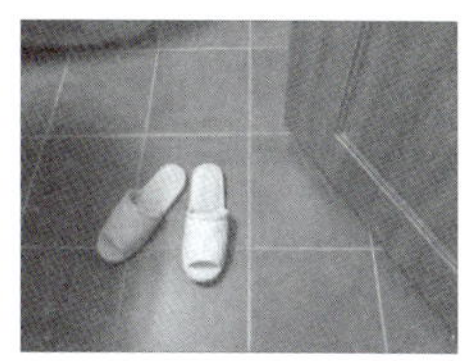

7 알람 시계가 나를 깨우지 못하는 문제가 있다. 다른 사람의 수면을 방해 한다. 문제를 일으키는 경계 부분에 대한 '경계영역의 도식화'의 그림을 그려라.

8 강한 바람에 우산이 뒤집히는 문제가 발생한다. 문제를 일으키는 경계 부분에 대한 '경계영역의 도식화'의 그림을 그려라.

9 샤프심이 잘 부러지는 문제가 있다. 문제를 일으키는 경계 부분에 대한 '경계영역의 도식화'의 그림을 그려라.

10 비닐로 농산물을 포장하면 상(변질)하는 문제가 있다. 문제를 일으키는 경계 부분에 대한 '경계영역의 도식화'의 그림을 그려라.

3.2.2 모순도출과 모순분석

본 내용은 경계영역의 도식화에서 모순을 도출하는 단계이다. 본 단계에서는 1단계로부터 모순을 찾아서 간단한 문장으로 나타내는 과정이다. 어떤 물리량이 모순의 관계 인지를 명확하게 하는 아주 중요한 단계이다. 일반적으로 문제로부터 2개 이상의 모순을 찾아야 한다. 만일 1단계로부터 모순을 찾지 못하면 2단계와 3단계의 모순도출과 분석은 불가능하다.

트리즈의 모순은 일반적으로 우리들이 알고 있는 모순의 의미와 다르다. 때문에 실용트리즈의 모순도출을 이해하기 위하여 트리즈이 모순에 대한 설명이 필요하다. 모순에 대한 깊은 이해가 없으면 실용트리즈를 이해할 수 없다. 때문에 이 단원에서 트리즈의 모순에 대한 개요와 예를 특히 물리모순을 중심으로 상세하게 설명한다.

모순이란?

알트슐러와 그의 동료들은 전 세계의 많은 특허들을 조사하여 트리즈 문제해결 방법론 중 가장 핵심인 모순개념을 정립하였다. 특허에서 찾아낸 공통점은 문제 속에 들어 있는 모순을 해결하면 혁신적인 발명품이 만들어질 수 있다는 사실이었다. 기술문제들은 하나 이상의 모순을 포함하고 있다는 사실의 발견은 트리즈의 이론 체계에 아주 중요한 의미를 가진다. 모순은 트리즈의 중요한 개념 중의 하나로서, 어느 한 특성을 개선하면 다른 특성이 악화되는 상황을 말한다.

알트슐러는 이 모순을 근본적으로 해결하는 것이 가장 높은 수준의 문제해결이란 사실을 알게 된다. 알트슐러는 모순을 기술모순과 물리모순으로 분류 하였다. 실용트리즈의 단계별 문제해결에서 모순은 물리모순을 의미한다. 왜냐하면 실용트리즈에서 기술모순은 사용되지 않기 때문이다. 기술모순은 서로 다른 변수(Parameter)들이 충돌하여 모순을 야기 시키는 것을 말한다(이 책에서 기술모순의 세부 내용은 생략한다). 다음 그림에서 A가 올라가면 B는 내려가는 시소와 같은 것이 기술모순이다.

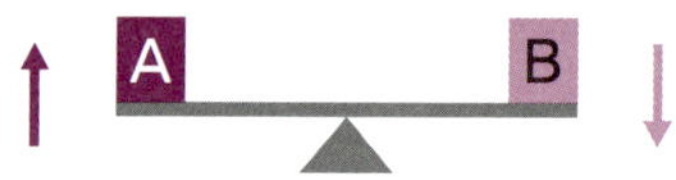

기술모순

예를 들면 큰 우산은 비를 잘 막아주지만 너무 무겁기 때문에 들고 있기에 어렵다. 어느 하나의 기술변수가 좋아지면 다른 기술변수가 나빠지는 것이 기술모순이다.

반면 물리모순은 어떤 하나의 요소가 서로 다른 물리량을 가져야 하는 경우이다. 예를 들면 칫솔의 솔의 직경은 아주 가늘어야 이빨사이에 끼어있는 음식물을 잘 제거 한다. 하지만 너무 가는 솔은 휘어지게 되어 솔의 역할을 하지 못한다. 물리모순의 문장으로 간단히 표현하면 '솔의 직경은 가늘어야 하고 굵어야 한다.'이다. 실용트리즈를 이해하기 위하여 물리모순에 대한 정확한 이해가 반드시 필요하다. 알트슐러의 연구에 의하면 많은 기술문제는 최소한 한 가지 이상의 모순을 포함하고 있다. 여기서 모순은 하나의 요소를 개선하려는 시도가 다른 것을 손상시키는 상황을 말한다. 트리즈의 핵심은 문제를 야기 시키는 모순을 찾아 해결하면 실제문제의 해결책이 될 수 있다는 것이다. 문제를 야기시킨 모순을 이용하여 문제를 본질적으로 해결하는 적극적인 방법론이 바로 트리즈이다.

물리모순 도출

다음은 문제로부터 물리모순을 찾는 모순도출에 대한 설명이다. 모순도출이란 문제 속에 들어 있는 물리모순을 간단한 문장의 형태로 명확하게 표현하는 것을 의미한다. 만일 물리모순을 명확하게 정의하지 않으면 문제를 분석할 수 없다. 물리모순을 정확하게 도출할 수 있는 가장 잘 알려진 새로운 방법이 경계영역의 도식화이다. 실용트리즈의 경계영역의 도식화로부터 쉽게 모순이 도출된다. 예를 통하여 모순을 도출하는 세부과정을 설명한다.

사람들은 매일 양치질을 한나. 양치질용 칫솔의 솔이 이빨 사이에 끼어있는 작은 음식물을 잘 제거하지 못하는 문제가 자주 발생한다. 양치질이 잘 되지 않는 문제가 생기는 부분을 그림으로 나타내어야 한다. 이 문제의 상황을 경계영역의 도식화로 나타내면 문제의 실체를 명확하게 이해할 수 있다. 다음 그림은 이빨 사이의 작은 틈으로 칫솔의 솔이 들어가지 못하는 문제를 경계영역의 도식화로 나타낸 것이다.

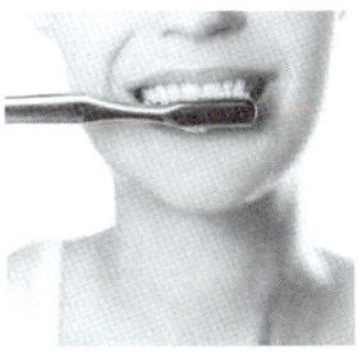

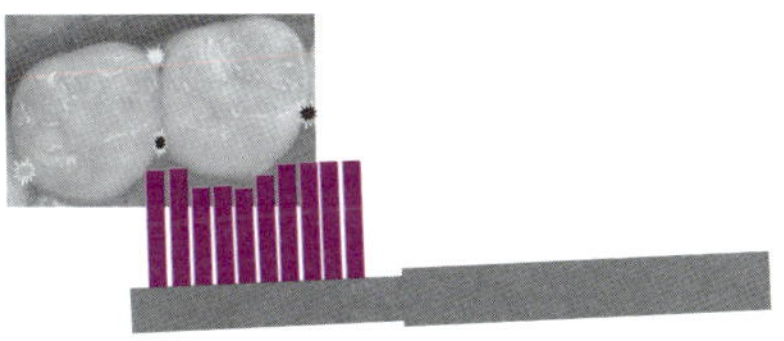

경계영역의 도식화로부터 물리모순을 도출하면 다음과 같다. 일반적으로 음식물을 잘 제거하기 위하여 칫솔의 솔의 직경은 가늘어야 한다. 이 경우 솔은 쉽게 휘어지게 되어 사용할 수 없다. 그렇다면 휘어지지 않게 하기 위하여 솔을 굵게 만들어보자. 직경이 굵은 솔은 휘어지지 않는다. 하지만 큰 직경의 솔은 이빨 사이로 들어갈 수 없다. 때문에 좁은 이빨 사이에 있는 음식물을 제거할 수 없다. 칫솔의 솔의 직경은 '커야 하고 작아야 한다.' 이다. 이것이 트리즈의 물리모순이다. 강력한 문제 해결능력을 가진 핵심 개념이 바로 물리모순이다. 다음 그림과 같이 가는 직경의 솔과 굵은 직경의 솔을 합치는 의미이다.

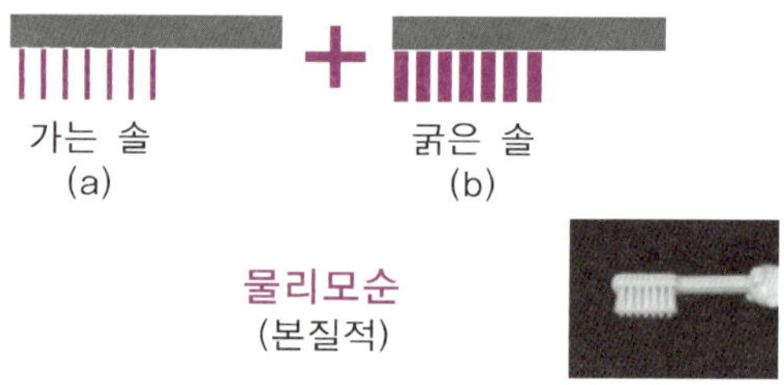

따라서 칫솔의 솔의 끝은 가늘고 몸체는 굵게 하면 된다. 이런 칫솔의 솔은 작은 음식물을 잘 제거하는 기능과 휘어지지 않는 기능을 동시에 수행하는가? 그렇다. 이런 솔을 실제로 만들 수 있다. 다음 그림은 솔의 직경이 크기도 하고 작기도 한 새로운 혁신적인 칫솔이다.

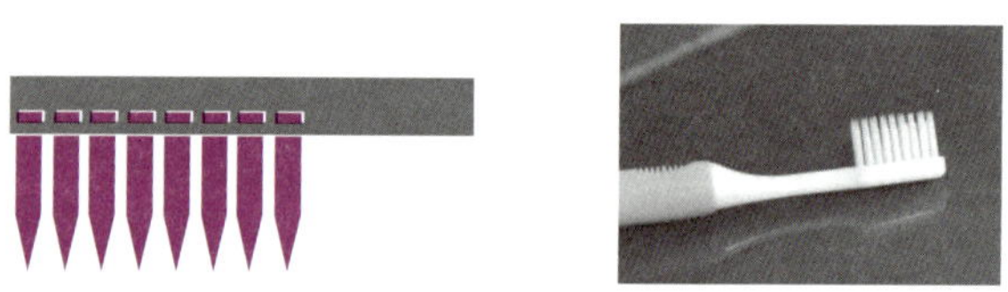

이 솔은 최근 시장에서 미세모 칫솔이라는 이름으로 많이 팔리고 있다. 기존의 제품에 비하여 수명도 길고 양치질의 효과도 아주 좋다. 이 해결책은 단지 물리모순 사항을 3차원 공간에 재현한 것에 불과하다. 그런데 시장을 선도하는 새로운 혁신적인 신제품이 되었다.

물리모순 분석

본 내용은 모순도출로부터 모순을 분석하는 단계에 해당된다. 모순분석은 앞 단계에서 도출된 모순을 분리원리를 적용하여 구체적인 모순해결방안을 찾는 과정이다. 모순의 관계를 시간적으로 공간적으로 분리하여 분석하는 단계이다. 이 단계를 통하여 구체적인 모순해결책을 찾을 수 있다. 앞 단계에서 도출된 2가지 모순에 대하여 각각 분리원리를 적용하여 구체적인 모순해결책을 찾아야 한다.

알트슐러는 트리즈에서 물리모순을 분석하는 구체적인 방법론을 개발하였다. 즉, 분리원리이다. 분리원리는 트리즈의 방법론 중에서 가장 중요한 문제해결도구 중의 하나이다. 분리원리를 모르면 물리모순을 해결할 수 없다. 때문에 상세한 설명이 필요하다. 분리원리는 물리모순을 해결하는 4가지 '분리'를 가지고 있다. ① 시간분리, ② 공간분리, ③ 부분과 전체분리 및 ④ 조건분리이다. 이들 각각의 의미는 다음과 같다. 시간분리는 물리모순을 시간의 측면에서 독립적으로 바라보는 것이다. 반면 공간분리는 공간의 측면에서 독립적으로 바라보는 것이다. 전체와 부분의 분리는 전체와 부분을 완전히 독립적으로 나누어 바라보는 것이다. 반면 조건분리는 특정 조건하에서 물리모순을 바라보는 것으로 볼 수 있다. 저자는 분리원리를 다양한 현업 문제해결에 아주 많이 사용한 경험이 있다. 문제해결에 가장 중요한 방법론이다. 특히 4가지 분리 중 시간분리와 공간분리가 가장 중요하다. 시간분리와 공간분리 만으로 물리모순 문제를 대부분 해결할 수 있다.

다음은 예제를 통한 설명이다.

모순도출 예제 1

비행기의 바퀴는 착륙 시에는 있어야 하고 비행 중에는 없어야 한다. 이것을 물리모순으로 나타내면 다음과 같다.

간단히 표현하면 '비행기의 바퀴는 있어야 하고 없어야한다'이다. 비행기의 바퀴라는 물리량이 비행 상태에 따라 있어야 하고 없어야 되는 상태에 대한 명백한 물리모순이다. 이 모순을 분석하기 위하여 분리원리를 적용해보자. 먼저, 시간분리는 비행기는 이착륙을 하기 위하여 바퀴가 반드시 있어야 한다. 하지만 비행 중에는 공기저항을 줄이기 위해서는 없어야 한다. 여기서 바퀴라는 물리량이 있기도 하고 없어야 하는 명백한 모순을 야기한다. 이 모순의 해결은 바퀴는 착륙 시에는 비행기 동체의 바깥으로 나오지만 비행 중에는 동체에 들어가 있는 것이다. 즉 필요한 시간에는 있고 불필요한 시간에는 없어지는 구조로 시간에 따라 바퀴를 움직일 수 있게 하면 된다.

모순도출 예제 2

다른 예를 보자. 비행기는 착륙 시에는 날개의 면적이 넓어야 하지만 비행 중에는 좁아야 한다. 이것을 물리모순으로 표현하면, '비행기의 날개의 면적은 넓어야 하고 좁아야 한다.' 이다. 이것은 명백한 모순이다. 이 모순을 해결하기 위하여 분리원리를 적용해 보자.

공간분리는 이착륙 시에는 속도가 느리기 때문에 날개는 많은 양력을 얻기 위하여 면적이 넓어야 하고, 비행 시에는 공기 저항을 줄이기 위하여 좁아야 한다. 비행기의 보조날개는 이착륙 시에는 비행기 동체에서 바깥으로 나오면서 면적을 넓혀 많은 양력을 발생시키는 구조가 된다. 3차원 공간을 이용하여 면적이라는 물리량을 크게도 하고 작게도 할 수 있는 구조로 날개를 설계하였다.

간단한 문제의 경우 모순을 적용하면 쉽게 구체적인 해결책을 찾을 수 있다. 실용트리즈의 단계를 사용하지 않고 직관적으로 찾은 모순을 적용하여 문제를 해결할 수도 있다. 다음은 문제로부터 직관적으로 모순을 도출하고 해결책을 찾는 사례이다. 세부 설명은 생략하고 중요한 부분만을 설명한다. 세부 내용은 앞에서 설명한 모순을 참고하여 이해할 수 있다.

사례 1

초기 페달식 자전거는 그림과 같은 모양이었다. 앞 바퀴의 중심에 페달이 있다. 이 자전거는 속도를 높이기 위해서는 페달을 빨리 밟거나 바퀴의 지름을 크게 해야 한다. 지름이 크면 위험을 높이고 힘이 많이 필요하다. 이 문제에서 모순을 찾아보자.

페달식 자전거는 체인식 자전거가 나오기 이전 유럽에서 사용되었던 것으로 기능상으로 많은 문제가 있었다. 당시 자전거는 보다 빠른 속도를 내기 위하여 바퀴의 직경을 크게 하면 페달에 사람의 발바닥이 닿지 않는 문제가 발생하였다. 이 상황을 모순으로 표현하면 다음과 같다. '바퀴의 직경은 커야하고 작아야 한다.' 전형적인 모순 상황이다. 모순을 해결하기 위한 분리의 원리로 공간분리를 적용하여 보자. 바퀴의 직경을 크게 하면 사람의 발바닥이 닿지 않는 문제가 생긴다. 다른 모순을 찾아보자 페달의 위치는 바퀴의 중심에 있어야 하고 있지 않아야 한다. 왜냐하면 직경이 큰 바퀴의 경우 페달에 발바닥이 닿을 수 없기 때문이다. 페달의 위치를 다른 곳에 두어야 한다는 생각을 자연스럽게 할 수 있다. 바퀴의 중심에 위치하고 있는 페달의 위치를 발바닥이 쉽게 닿는 두 바퀴 사이의 가운데로 이동시키면 된다. 이 경우 사람의 힘을 바퀴로 전달하기 위해서 페달과 바퀴를 연결하는 동력전달장치가 필요하다.

이 문제는 역사적으로 자전거에 체인이 도입되면서 완전히 해결되었다. 체인의 도입으로 바퀴의 직경과 속도에서 발생된 모순이 해결된 새로운 성능의 제품인 현대식 자전거가 만들어지게 된 것으로 볼 수 있다. 다음은 또 다른 모순 문제에 대한 사례이다.

사례 2

건축 기초공사에서 땅 속에 큰 파일을 박고 있다. 파일의 끝이 뾰족하면 쉽게 땅 속으로 들어 갈 수 있다. 하지만 이 경우 건물이 완공된 후 파일의 뾰족한 부분이 파괴되어 바닥이 침하되는 문제가 생긴다.

파일의 끝 부분은 최대한 뾰족해야 파일을 쉽게 박을 수 있다. 하지만 파일을 충분히 깊게 박은 후에는 끝이 뾰족하면 깨지는 문제가 발생한다. 이 문제의 모순은 '파일의 끝은 뾰족해야 하고 뾰족 하지 않아야하다.'이다. 분리원리를 적용해보자. 시간적인 분리를 적용하면 파일을 박을 때와 박은 후의 파일 끝의 모양을 그림과 같이 다르게 하면 된다. 즉 파일을 박은 후에 끝을 뾰족하지 않게 만들면 된다. 파일을 충분히 박은 후에 파일의 끝 부분을 제거하면 된다. 끝의 뾰족한 부분을 제거하는 방법은 여러 가지가 있다. 이 문제의 경우 공간분리를 적용하여도 같은 결과를 얻게 된다.

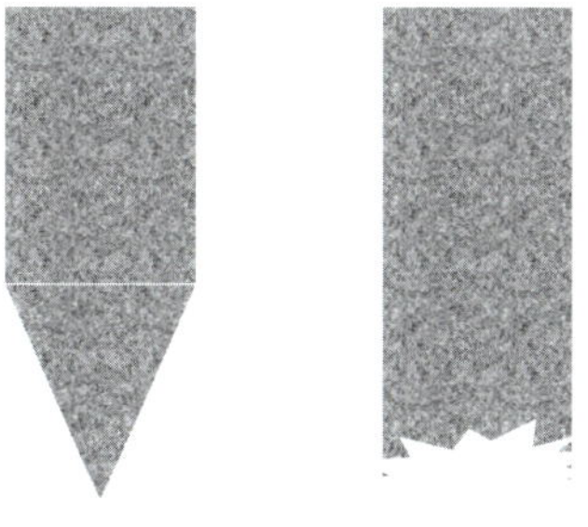

연습문제

문제를 일으키는 경계부분을 도식화시켜 물리모순을 찾는 연습문제이다. 반드시 실용트리즈의 1단계 경계영역의 도식화 과정을 통하여 모순을 도출하고 분석하라.

1 강의실에 많은 것들이 있다. 창문, 책상, 의자, 스크린, 조명 등의 제품 속에 들어 있는 물리모순을 2개 이상 도출하고 시간과 공간적으로 분석하라.

2 현수막이 바람에 찢어지는 문제가 있다. 이 문제에서 물리모순을 2개 도출하고 시간과 공간적으로 각각 분석하라.

3 면도날에 상처가 생기는 문제가 있다. 이 문제에서 물리모순을 2개 도출하고 시간과 공간적으로 각각 분석하라.

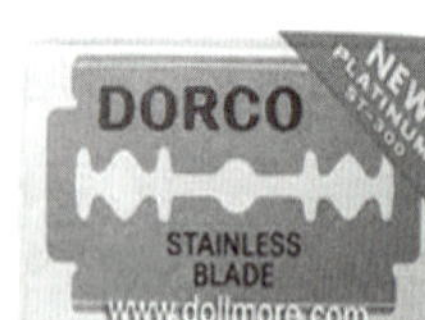

4 배수구에 하이힐의 굽이 끼는 문제가 있다. 이 문제에서 물리모순을 도출하고 시간과 공간적으로 분석하라.

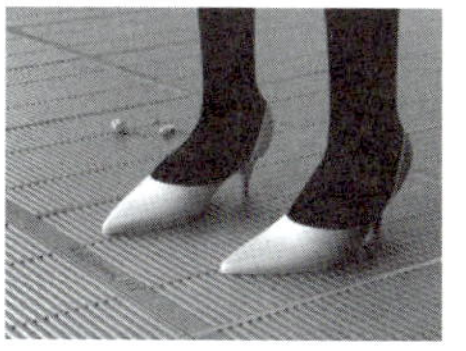

5 불고기가 석쇠에 달라붙는 문제가 있다. 이 문제에서 물리모순을 도출하고 시간과 공간적으로 분석하라.

6 유모차 바퀴가 작은 턱에도 쉽게 걸리는 문제가 있다. 이 문제에서 물리모순을 도출하고 시간과 공간적으로 분석하라.

7 세면장에 있는 슬리퍼에 물이 묻어 있다. 이 문제에서 물리모순을 도출하고 시간과 공간적으로 분석하라.

8 나의 알람시계가 다른 사람을 깨우는 문제가 있다. 이 문제에서 물리모순을 도출하고 시간과 공간적으로 분석하라.

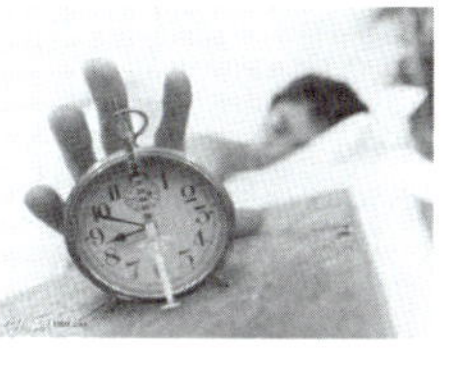

9 바람에 우산이 뒤집히는 문제가 있다. 이 문제에서 물리모순을 도출하고 시간과 공간적으로 분석하라.

10 샤프심이 잘 부러지는 문제가 있다. 이 문제에서 물리모순을 도출하고 시간과 공간적으로 분석하라.

11 비닐로 바나나를 포장하면 공기의 출입을 차단하는 문제가 있다. 이 문제에서 물리모순을 도출하고 시간과 공간적으로 분석하라.

12 빔 프로젝트용 스크린이 벽에 붙은 화이트보드를 가리는 문제가 있다. 이 문제에서 물리모순을 도출하고 시간과 공간적으로 분석하라.

3.2.3 시스템의 기능분석

시스템의 기능이란 시스템이 수행하는 역할을 말한다. 승용차의 기능은 사람을 이동시키는 것이고 나사는 물체를 고정시키는 기능을 한다. 여기서 기능분석은 기술시스템이나 공정을 기능의 관점에서 분석하는 방법이다. 반면 기능분석도는 각 요소의 기능을 도식적으로 나타낸 것을 말한다. 기존 트리즈에는 기능분석을 사용하여 문제를 해결하는 구체적인 설명이 없다. 기술문제가 복잡하게 얽혀 있는 경우 기능분석은 매우 중요하다. 특히 복잡한 시스템의 모순관계를 명확히 하는데 기능분석은 매우 중요하다. 실용트리즈의 4단계 문제해결을 이해하기 위하여 기능분석과 기능분석도의 의미를 정확하게 이해해야 한다.

시스템 기능분석의 개요

사람들은 제품 자체를 구입하는 것이 아니다. 제품의 기능(역할)을 구입한다. 모든 기술시스템(제품이나 부품)은 반드시 어떤 기능을 수행하도록 제작되었다. 때문에 신제품을 개발하거나 제품의 문제해결에 기능분석을 활용하는 것은 극히 자연스럽고 필수적이다.

실용트리즈에서 기능의 의미는 일상에서 우리들이 사용하는 것과 많이 다르다. 일상에서 사용하는 기능은 승용차처럼 '승용차는 사람을 이동 시키는 기능을 한다.'이다. 이런 형태의 기능의 정의만으로는 현업의 문제해결에 기능을 사용할 수 없다. 때문에 이 책에서 사용되는 기능은 기능분석과 기능분석도라는 형태로 도식화된 형태로 사용된다. 일상의 간단한 기능의 정의와는 큰 차이가 있다.

기능분석

실용트리즈의 기능분석은 항상 동사(기능)와 목적어(기능의 대상)의 형태로 나타낼 수 있다. 기능을 수행하는 것은 주어이고 기능을 받는 것은 목적어가 되는 형태이다. 예를 들어 '승용차는 사람을 이동 시킨다'라는 문장에서 주어는 자동차이고 기능은 '이동'이며 목적어는 사람이 된다. 기능의 정의에 따라 올바른 형태로 기능을 정립하는 것이 아주 중요하다. 기능은 반드시 대상의 파라미터를 직섭적으로 변화시키거나 유지시킬 수 있어야 한다.

예를 들면 '안전모는 머리를 보호 한다'라는 문장에서 주체인 안전모는 머리에 직접적인 변화를 주거나 유지하는 기능을 수행하지 않는다. 우리들은 안전모는 머리를 보호하는 것으로 생각하고 있다. 하지만 실제로 안전모는 머리를 보호하지 않는다. 머리를 향하여 움직이는 물체를 차단하는 기능을 할 뿐이다. 즉 머리를 보호하는 것이 아니라 차단하는 기능을 수행하는 것이다. 결과적으로 충격을 막아주면 머리는 보호된다. 일상에서 사용하는 용어나 문장은 기능분석에서 사용하는 것과 많은 차이가 있다. 이 차이를 정확하게 이해해야만 기능분석을 잘 이해 할 수 있다.

기능분석의 정의에 따른 안전모의 기능은 '안전모는 물체를 차단 한다'이다. 이 경우 안전모의 기능은 명확해진다. 우리들은 기능분석으로부터 머리를 보호하기 위하여 차단벽은 튼튼하고 가벼운 구조를 가져야 함을 쉽게 생각해 낼 수 있다. 기능분석은 문제를 분석하기 위한 목적으로 사용된다. 기능분석 자체가 중요하지 않다. 새롭게 문제해결의 방향을 바라보게 할 수 있는 형태로 표현해야 한다. 문장으로 기능을 이해하기는 어렵다. 적당한 예제로 기능분석의 의미를 설명한다.

예제 1

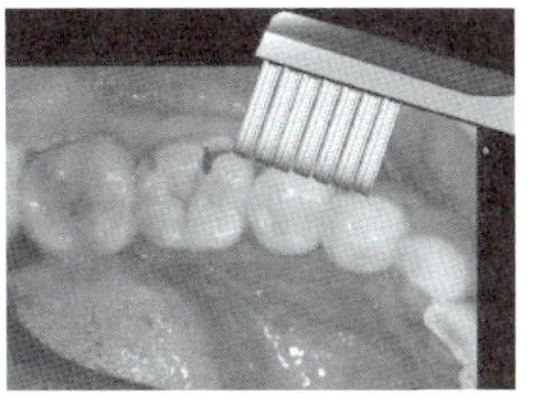

우리들이 일상적으로 생각하는 칫솔의 기능은 '칫솔은 치아를 닦는다.'이다. 이런 표현이 옳은가? '칫솔은 치아를 닦는 것이 아니다.' '칫솔이 직접적으로 작용하는 대상은 치아 사이에 끼어 있는 이물질이다.' 그러므로 칫솔의 주요기능은 '칫솔은 이물질을 제거(이동) 한다.'로 표현해야 한다. 즉 칫솔 시스템의 대상은 이물질이 된다.

예제 2

우리들은 에어컨은 사람을 시원하게 하는 기계로 알고 있다. 일반적으로 맞는 표현이다. 그러나 이 같은 일반적인 표현으로는 에어컨의 기능을 분석할 수는 없다. 왜냐하면 에어컨은 사람을 시원하게 하는 것이 아니기 때문이다. 에어컨은 단지 공기의 온도를 낮출 뿐이다. 이 경우 우리는 시원함을 느낀다. 때문에 에어컨이 사람을 시원하게 하는 것으로 생각하게 된다.

에어컨의 기능에 대한 정확한 표현은 '공기를 냉각시키는 것이다.'사람을 시원하게 하는 것이 아니다. 즉 공기의 온도는 에어컨을 통과하면서 낮아진다. 그러므로 공기는 에어컨의 대상이라고 말할 수 있다.

에어컨은 일반적으로 공기필터를 가지고 있다. 이 필터의 기능은 '공기를 정화 한다'라고 정의 하면 올바른 표현인가?

아니다. '필터는 먼지를 잡(필텅링)는다.'라고 표현하는 것이 정확한 표현이다.

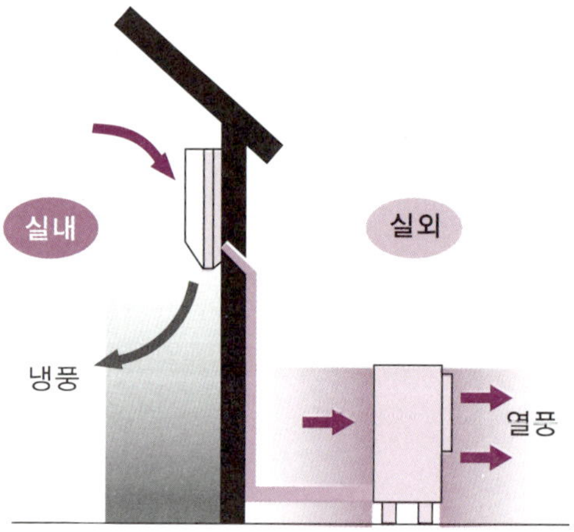

엄격하게 해석하면 필터는 먼지를 잡고 공기는 통과시키는 두 가지 기능을 한다. '공기를 정화 한다.'에서 정화라는 표현은 구체적인 의미를 가지지 못한다. 기능분석은 구체적인 의미를 명확히 전달 할 수 있는 형태로 표현되어야 한다. 그러므로 에어컨의 두 번째 주요 기능은 먼지를 잡는 것이고 대상은 바로 먼지이다. 같은 의미로 선풍기는 사람을 시원하게 한다. 라고 표현하면 틀린 표현이다. '선풍기(날개)는 공기를 움직인다.'로 표현해야 올바른 기능분석 표현이 된다.

앞 단원에서 기능분석을 설명하였다. 다음은 실용트리즈에서 기능분석이 시스템에서 발생되는 문제를 실제로 해결해 나가는 과정을 설명한다. 실용트리즈의 4단계문제해결(4SPS)는 기능분석이 매우 중요하다. 4SPS를 사용하면 독자들은 짧은 시간에 고질적인 현업의 문제를 해결할 수 있다. 보다 높은 문제해결능력을 갖기를 원하는 독자들은 기능분석의 개념을 보다 깊이 이해해야 한다. 저자의 표현력의 한계로 쉽게 이해시키지 못하는 부분도 있을 것으로 생각된다.

기능분석을 통한 문제해결 방법론은 현재까지 알려진 그 어떤 방법론 보다 압도적으로 짧은 시간에 기술문제를 창의적으로 해결하게 한다. 앞 단원의 기능분석을 이해하지 못하였다면 다음 단원의 내용을 파악하기 어렵다. 만일 앞의 기능분석의 의미가 이해되지 않는 독자가 있다면, 다시 한 번 기능분석의 개요를 정확히 읽고 내용을 이해하기 바란다.

다양한 분야의 기술지식을 습득하는 것은 많은 시간이 필요 하다. 하지만 과학기술을 응용한 시스템의 기능을 공부하는 데는 많은 시간이 필요하지 않는다. 먼저 문제를 기능적으로 파악하라. 그러면 문제의 본질이 무엇인지 알 수 있다. 해결책을 위한 지식은 나중에 단계적으로 전문가들을 활용하면 된다. 시스템을 구성하는 부품들의 기능의 관계를 모르면서 무엇을 연구할 수 있다는 말인가? 기능을 파악하지 못하면 무엇을 왜(?) 연구해야하는가에 대한 대상을 모르는 것과 같다.

기능분석도

문제해결에 기능분석을 직접적으로 사용하기에는 어려움이 있다. 왜냐하면 각 요소들의 기능의 관계를 명확하게 볼 수 없기 때문이다. 문제를 일으키는 각 요소들의 기능의 관계를 그림으로 나타낼 수 있다. 요소들의 각각의 기능을 그림의 형태로 나타낸 것을 기능분석도라고 한다. 다음 그림은 기능의 관계를 그림으로 나타낸 것이다. 기능분석에 필요한 3가지 구성요소는 기술시스템, 목표대상 및 환경요소이다.

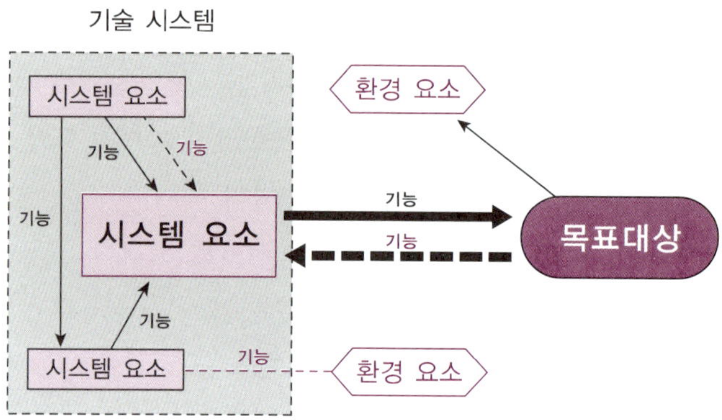

기술시스템이 목표대상에 기능을 주는 과정에서 환경요소가 나타난다. 이 환경요소들은 기능수행에서 반드시 등장하게 된다. 높은 수준의 문제해결은 기능을 수행하면서 부가적으로 발생되는 유해한 환경요소들을 최소화시키는 것이다.

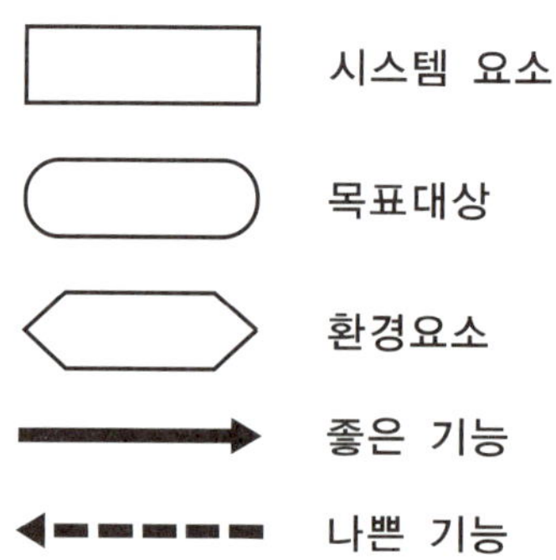

그림에서 시각적으로 각각의 관계를 쉽게 구별하기 위하여 모든 기술시스템은 사각형 으로, 목표대상은 둥근형 으로 그리고 환경요소는 육각형 으로 나타내고 있다. 다음은 기능분석도에 사용되는 5가지 기호의 형상과

이름이다. 기능분석도에서 기호는 아주 중요한 의미를 가진다. 기호의 모양과 위치, 화살표의 방향과 색깔을 정확하게 나타내지 못하면 기능의 관계를 이해하기 어렵다.

그림에서 실선 화살표는 유익한 기능을 수행하는 것을 의미하고 점선 화살표는 유해한 기능을 나타내고 있다. 화살표 가운데 위치에 기능을 나타내는 단어(동사)를 적는다. 예를 들면 '승용차는 사람을 이동 시킨다.'에서 기술시스템은 자동차이고 목표대상은 사람이 된다. 이 경우 화살표에 기록되는 단어(동사)는 이동이다. 기능은 주어-동사-목적어의 문장으로 표현된다.

그림에서 기술시스템(점선 사각형)은 많은 시스템요소들을 가지고 있다. 이들 모든 요소들은 기능을 서로서로 주고받는다. 이 경우 유익한 기능은 실선으로 나타내고 유해한 기능은 점선으로 나타낸다. 모든 시스템요소들은 기술시스템의 일부이기 때문에 사각형으로 나타낸다. 사례를 통하여 기능분석도의 적용과정을 상세하게 설명한다.

예제 3

많은 사람들이 줄넘기를 한다. 줄넘기의 줄이 발에 걸리는 문제가 있다. 때문에 운동이 정지된다. 줄넘기의 기능분석도와 문제를 일으키는 영역의 기능분석도를 각각 그려라.

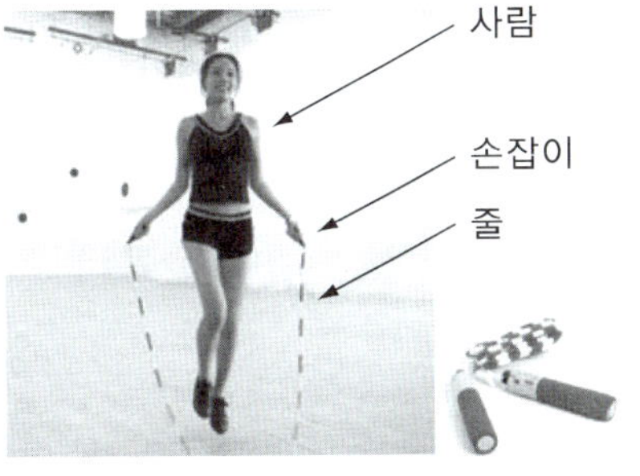

줄넘기의 기능분석도

기술시스템은 줄넘기이고 목표대상은 사람이다. 때문에 줄넘기의 기능분석도는 다음과 같다. 기술시스템(줄넘기)은 사각형이고 목표대상(사람)은 둥근형으로 표현되었다.

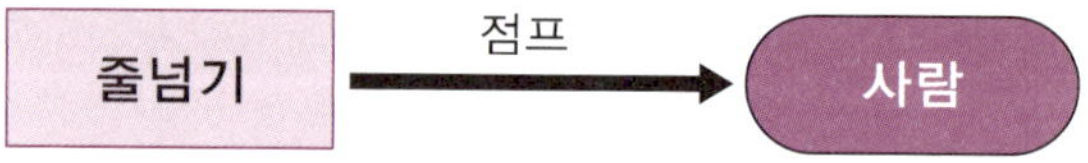

줄넘기가 사람을 점프하게 하는 것은 좋은 기능이다. 때문에 화살표는 실선이다. 줄넘기가 사람을 점프하게 하는 기능이 바로 운동이다. 때문에 사람들은 줄넘기를 한다.

문제영역의 기능분석도

줄넘기의 핵심부품은 손잡이와 줄이다. 줄넘기의 손잡이는 줄을 회전시키는 기능을 한다. 줄넘기의 줄이 사람을 공중으로 뛰어 오르게 하는 좋은 기능을 한다. 반면 줄은 발에 걸리는 유해한 기능도 한다. 유익한 기능을 수행하는 화살표는 실선으로 나타내고 유해한 기능은 점선으로 나타낸다. 기술시스템의 요소들은 사각형이고 목표대상(사람)은 둥근형으로 표현되었다.

그림에서 줄은 좋은 기능과 나쁜 기능을 같이 수행한다. 때문에 줄에서 나가는 화살표는 실선과 점선 두 가지이다. 한 부품에 두 가지 선의 화살표가 걸리면 물리모순을 의미한다. 즉 줄넘기의 줄은 있어야 하지만 없어야 한다. 줄이 없다면 줄이 발에 걸리는 문제는 절대로 발생하지 않는다.

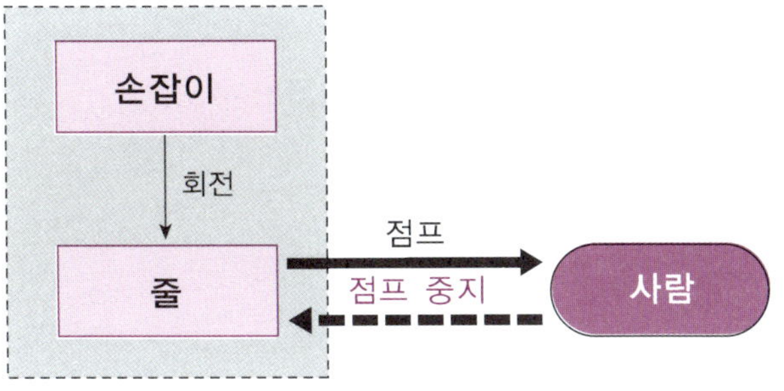

예제 4

칼로 오이를 얇게 자르면 오이가 칼에 붙는 문제가 발생한다. 때문에 작업이 지연된다. 칼의 기능분석도와 문제를 일으키는 영역의 기능분석도를 각각 그려라.

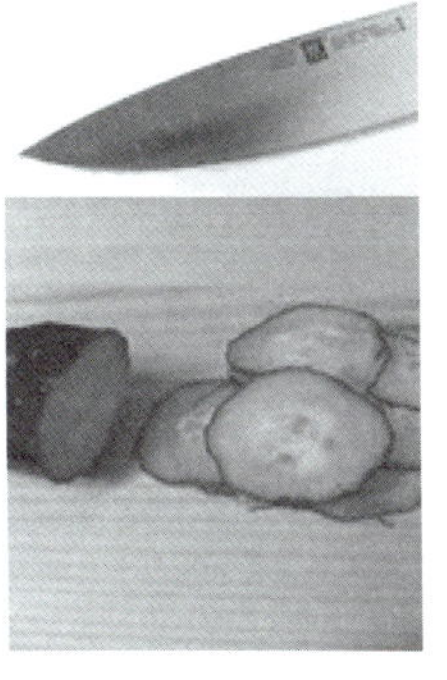

칼의 기능분석도

기술시스템은 칼이고 목표대상은 오이이다. 때문에 칼의 기능분석도는 다음과 같다. 기술시스템(칼)은 사각형이고 목표대상(오이(몸통))은 둥근형으로 표현되었다.

칼이 오이를 절단하는 것은 좋은 기능이다. 때문에 화살표는 실선이다. 일반적으로 칼은 물체를 절단하는 좋은 기능을 한다. 이것이 칼의 유익기능이다. 칼은 물체를 절단하는 유익한 기능을 수행할 수 있기 때문에 많은 사람들이 사용한다.

문제영역의 기능분석도

오이를 얇게 자르면 붙는 문제를 발생시키는 각 요소들의 기능의 관계를 그림으로 그려야 한다. 기능분석도를 그리기 위하여 문제를 일으키는 경계영역을 그리는 것은 아주 중요하다. 복잡한 문제의 경우 경계영역을 그리지 않고 기능분석도를 그리는 것은 불가능하다. 칼에 붙어 있는 얇은 오이조각을 그림으로 나타내면 다음과 같다.

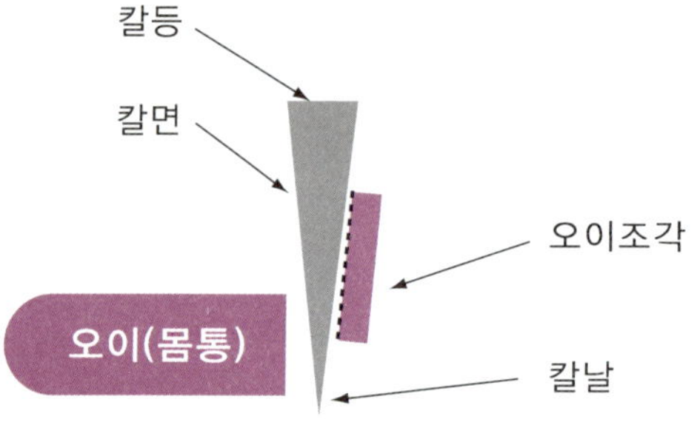

그림에서 칼의 세부 기술시스템의 요소는 칼날, 칼면, 칼등이다. 칼면에 잘려진 오이조각이 붙어 있음을 쉽게 알 수 있다. 오이를 자르는 것은 칼이 아니라 칼날이다. 우리들은 일반적으로 칼이 물건을 자르는 것으로 알고 있다. 하지만 세부 기능 측면에서 보면 칼날이 절단을 수행한다. 앞의 그림을 바탕으로 기능분석도를 그리면 다음과 같다. 기술시스템의 요소는 사각형이고 목표대상(오이(몸통))은 둥근형 그리고 환경요소(오이조각)은 육각형으로 표현되었다.

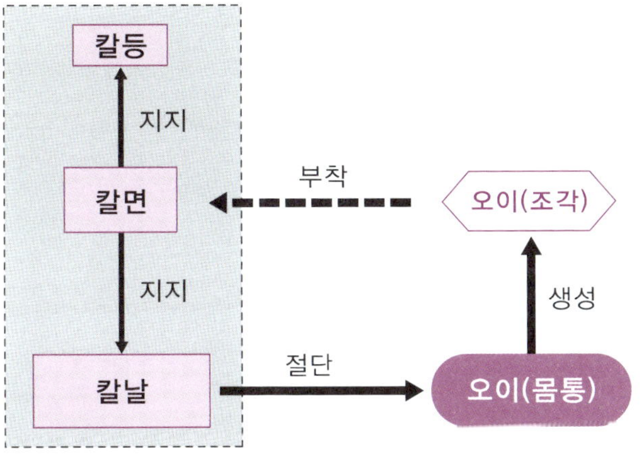

칼의 핵심 부품은 칼날과 칼면이다. 칼날의 기능은 오이몸통을 자르는 좋은 기능을 한다. 때문에 실선 화살표이다. 칼면은 칼날과 칼등을 고정(지지)하는 좋은 기능을 한다. 때문에 실선 화살표이다. 오이몸통이 칼날에 잘리면 오이조각이 생성되는 것은 좋은 기능이다. 때문에 오이몸통이 오이조각을 생성하는 기능은 실선 화살표이다. 잘려진 오이조각이 칼면에 붙는 것은 나쁜 기능이다. 때문에 점선 화살표이다. 칼면의 화살표는 실선과 점선 두 가지 이다. 한 부품(또는 요소, 성분)에 두 가지 화살표가 걸리면 물리모순을 의미한다. 즉 칼면은 있어야 하고 없어야 한다. 칼면이 없다면 오이조각이 붙는 문제는 절대로 발생하지 않는다. 하지만 칼면이 없다면 칼날의 자르는 기능 수행이 어렵다. 때문에 칼면은 정말 있어야 하지만 없어야 하는 물리모순이 도출된다. 시스템에서 물리모순이 걸리는 부품이 문제를 발생시키는 가장 핵심이다.

칼면에는 다른 물리모순도 있다. 칼면의 면적이다. 만일 칼면의 면적이 작으면 오이조각은 칼면에 붙을 수 없다. 칼면의 면적이 작은 경우 칼날을 지지하는 힘은 부족하다. 하지만 붙는 문제는 해결된다. 때문에 칼면의 면적은 커야하고 작아야 하는 명백한 물리모순이 나오게 된다. 기능분석도로부터 도출되는 세부 물리모순은 다음 장에서 사례 위주로 상세하게 단계별로 설명된다.

사례 1

식당에서 불고기를 굽고 있다. 석쇠에 붙은 기름이 타는 문제가 있다. 때문에 석쇠를 자주 교체 한다. 석쇠와 문제를 일으키는 영역의 기능분석도를 각각 그려라.

불고기 구이기의 기능분석도

기술시스템은 불고기 구이기이고 목표대상은 고기이다. 때문에 불고기 구이기의 기능분석도는 다음과 같다. 기술시스템(불고기 구이기)는 사각형이고 목표대상(고기)은 둥근형으로 표현되었다.

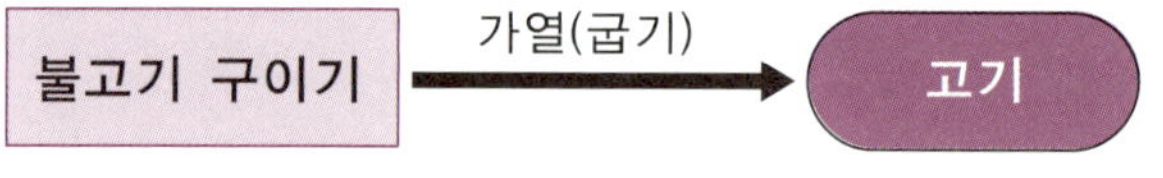

불고기 구이기가 고기를 가열(굽기)하는 것은 좋은 기능이다. 때문에 화살표는 실선이다. 불고기 구이기는 고기를 굽기 위하여 숯불을 사용한다. 이 경우 석쇠에 붙은 기름이 타는 문제가 발생된다.

문제영역의 기능분석도

불고기를 구울 때 기름이 타는 문제를 발생시키는 각 요소들의 기능의 관계를 그림으로 그려야 한다. 석쇠 위에 올려놓은 고기가 숯불에 의하여 굽히는 상태를 그림으로 나타내면 다음과 같다.

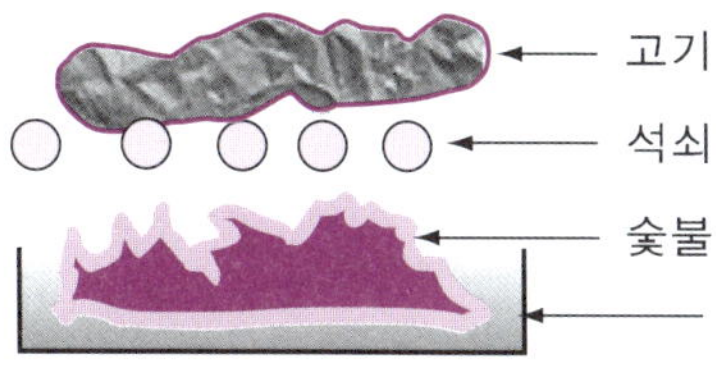

그림에서 불고기 구이기의 기술시스템의 요소는 숯불, 석쇠이다. 고기를 굽기 위한 숯불의 열원이 석쇠를 가열하고 있음을 쉽게 알 수 있다. 때문에 석쇠에 붙은 기름이 타는 문제를 발생시킨다. 열원이 고기를 가열하면서 석쇠를 가열하는 것이 문제이다. 앞의 그림을 바탕으로 기능분석도를 그리면 다음과 같다.

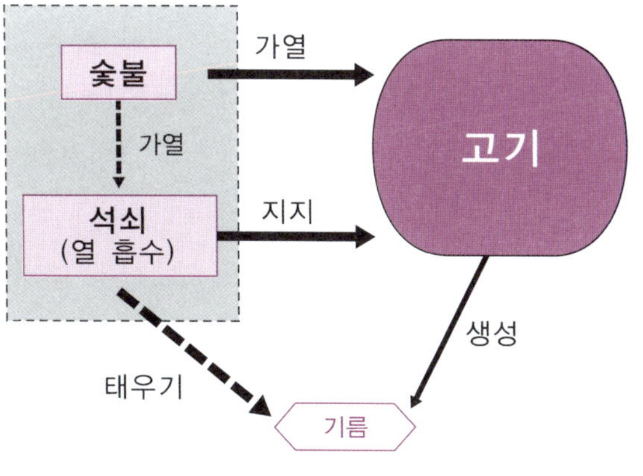

불고기 구이기의 핵심 부품은 숯불이다. 숯불의 기능은 고기를 굽는 좋은 기능을 한다. 때문에 실선 화살표이다. 반면 숯불의 열원이 석쇠를 가열하는 나쁜 기능도 한다. 때문에 점선 화살표이다. 석쇠는 고기를 지지하고 있는 기능을 한다. 때문에 실선 화살표이다. 하지만 석쇠에 흡수된 열은 기름을 태우는 나쁜 기능을 한다. 때문에 점선 화살표이다. 기술시스템의 요소는 사각형이고 목표대상(고기)는 둥근형 그리고 환경요소(기름)는 육각형으로 표현되었다.

사례 2

진공청소기로 카펫트 속에 들어 있는 먼지를 청소하고 있다. 카펫트 깊숙이 들어있는 먼지를 제거하기 위하여 고진공청소기가 필요하다. 고진공으로 청소기를 동작시키면 진공청소기의 헤드에 카펫트가 달라붙는 문제가 생긴다. 카펫트가 달라붙지 않는 시스템을 개발하기 위한 기능분석은 다음과 같다.

일반적으로 우리들은 진공청소기는 먼지를 제거하는 기계로 잘 알고 있다. 이 경우 진공청소기의 기능은 '먼지를 제거한다.'이다. 하지만 이런 형태로 진공청소기의 기능을 표현하는 것은 맞지 않다. 그림은 고진공 청소기를 개발하기 위한 시스템 기능분석도이다. 기능분석도에서 기술시스템은 진공청소기이고 목표대상은 먼지이다.

잘못된 시스템 기능분석

기능분석 문장으로 표현하면 '진공청소기는 먼지를 제거 한다.'이다. 이 경우 진공청소기가 먼지를 어떻게 제거하는가? 에 대한 이해가 어렵다. 정말 진공이 먼지를 제거하는가? 아니다. 기능분석이 잘못되었다.

진공청소기는 진공으로 먼지를 제거하는 시스템이 아니다. 단지 우리들이 진공이라는 이름으로 제품의 이름을 붙인 것에 불과하다. 왜냐하면 진공청소기는 단지 공기를 이동시킬 뿐이다. 공기가 이동되면 진공이 형성되고 그 결과 먼지가 제거된 것으로 볼 수 있다. 여기서 제거라는 용어도 잘못되있다. 왜냐하면 제거라는 용어는 물리적인 의미를 가지고 있지 않기 때문이다. 먼지는 특정 위치에서 이동하는 것이지 제거되는 것이 아니다. 우리들은 먼지가 이동된 상태를 제거라고 할 뿐이다. 기능분석에서는 직접적인 의미를 갖는 용어를 사용해야 한다.

진공청소기가 먼지를 제거 한다는 표현을 '진공청소기는 공기를 이동시킨다.'로 표현해야 한다. 그림은 진공청소기가 공기를 이동시키는 기능분석도이다. 진공청소기는 공기를 이동시키고 결과적으로 먼지가 제거된다.

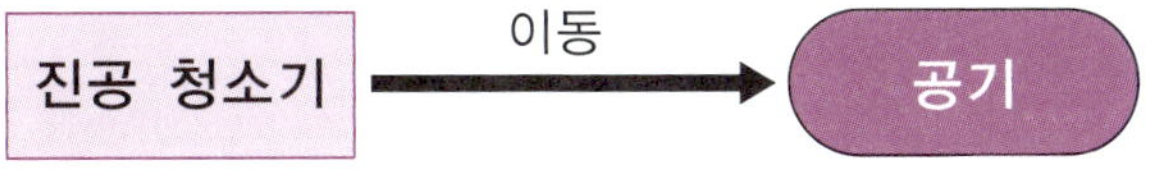

시스템 기능분석

기능분석도에서 기술시스템은 진공청소기이고 목표대상은 공기이다. 그리고 환경요소는 먼지와 카펫트이다.

다음 그림은 진공청소기의 문제영역에 대한 세부 기능분석도이다. 일반적으로 세부 기능분석도를 그릴 필요는 없다. 너무 많은 부품의 기능분석은 오히려 문제해결에 방해가 된다. 문제를 야기 시키는 핵심 부품의 기능으로 충분하다.

그림에서 기술시스템의 목표대상은 공기이다. 기술시스템의 시스템요소(사각형)는 모터, 팬, 진공헤드, 몸체 및 파이프이다. 그리고 환경요소는 전원(전기), 카펫트, 먼지이다. 각 시스템 요소 및 환경요소들의 기능은 화살표에 나타나 있다. 모든 실선 화살표는 유익한 기능을 나타내고 점선 화살표는 유해한 기능을 나타내고 있다.

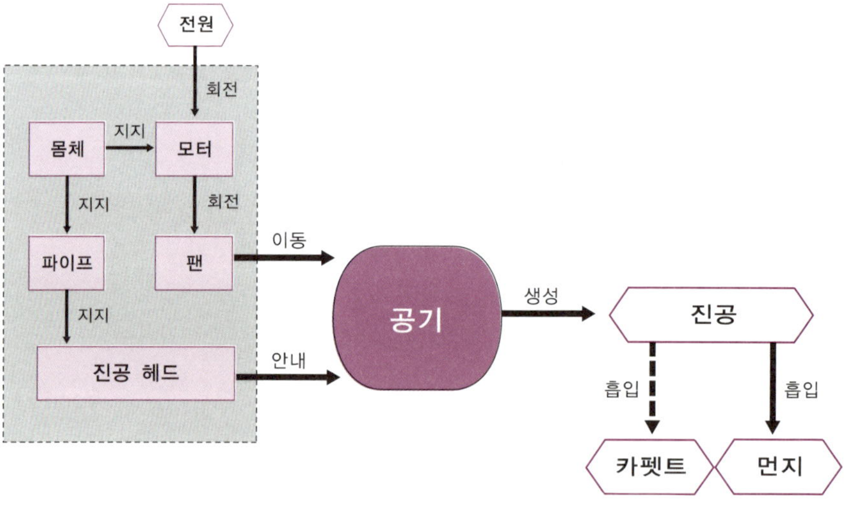

세부 문제영역의 기능분석

기능 분석도에서 전원이 모터를 회전시키면 팬이 공기를 이동시키고 이로 인하여 공기가 이동하게 된다. 이동하는 공기가 진공을 생성

한다. 이 진공이 먼지를 흡착하게 되어 청소가 된다. 먼지를 흡착하는 것은 좋은 기능이기 때문에 실선 화살표이다. 반면 이 진공이 카펫트를 흡착하는 유해한 기능을 수행하기 때문에 점선 화살표이다.

그림에서 고진공에서 문제가 되는 진공(진공헤드 부분)과 카펫트의 부착은 점선으로 표현되었다. 만일 고진공이 걸리면, 카펫트 속에 깊숙이 박혀있는 먼지는 제거 되지만 카펫트가 흡착되는 문제가 발생된다. 먼지를 제거하기 위하여 고진공이 되어야 하고 카펫트의 흡착을 막기 위하여 고진공은 되지 않아야 한다. 이 모순을 해결한 해결책은 특허로 등록되었고 새로운 신제품이 되어 시장을 장악하였다.

연습문제

우리들의 생활 주변에 있는 물건들의 기능을 분석하기 위한 연습문제이다. 제품의 핵심요소(5개 이내)들의 기능을 앞에서 설명한 기호(사각, 육각, 화살표, 등)에 맞추어 기능분석도를 그리는 실습이다.

1 사람을 시원하게 하는 선풍기가 있다.
선풍기의 기능분석도를 그려라.

2 사람들이 타는 승용차가 있다.
승용차의 기능분석도를 그려라.

3 도로변에 있는 배수구의 기능분석도를 그려라.

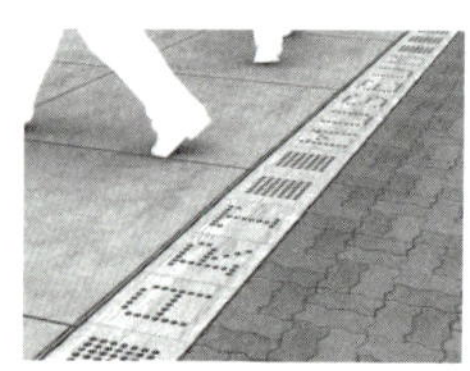

4 집의 기능분석도를 그려라.

5 불고기 석쇠의 기능분석도를 그려라.

6 연필의 기능분석도를 그려라.

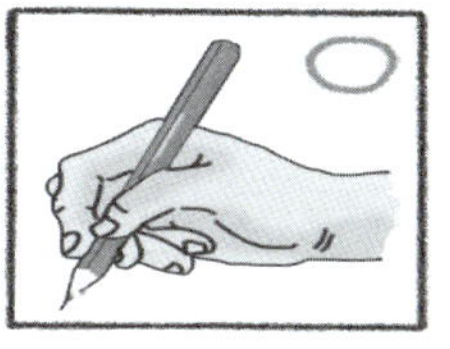

7 책의 기능분석도를 그려라.

8 알람 시계의 기능분석도를 그려라.

9 우산의 기능분석도를 그려라.

10 유리창의 기능분석도를 그려라.

11 도로의 기능분석도를 그려라.

12 이불의 기능분석도를 그려라.

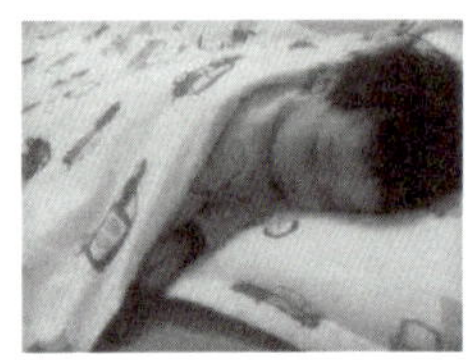

13 거울의 기능분석도를 그려라.

14 레이저포인터의 기능분석도를 그려라.

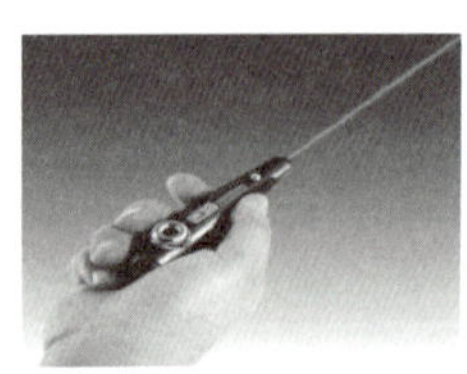

15 자전거 체인의 기능분석도를 그려라.

16 에어컨의 기능분석도를 그려라.

17 안전모의 기능분석도를 그려라.

3.2.4 요소-상호관계 기법(비기술용)

요소-상호관계는 비기술문제를 해결하기 위한 새로운 도식화방법이다. 대부분의 비기술문제는 사람과 관련이 있다. 때문에 기술문제에 비하여 객관적이지 못하다. 사람의 주관에 따라 문제의 성격이 다르게 해석되고 해결책에 대한 객관적인 기준을 세울 수 없다. 때문에 기존 트리즈의 방법론으로 비기술문제를 해결하기는 어렵다.

최근 트리즈를 비기술분야에 응용하려는 시도가 많아지고 있다. 현재 국내외적으로 여러 가지 비기술용 트리즈가 있다. 서점에 비즈니스 트리즈나 마켓팅 트리즈와 같은 책들이 나와 있다. 과연 비기술용 트리즈가 문제해결에 얼마나 도움이 될까? 현재 나와 있는 비기술트리즈는 새로운 해결책을 찾거나 재현성 있는 결과를 도출하는 데는 한계가 있다.

비기술문제 해결에 트리즈 적용이 왜 어려운가?

실용트리즈의 요소-상호관계 방법론은 주로 비기술용 문제해결에 유용하게 만들어 진 새로운 방법론이다. 일반적으로 사람들 사이에서 발생되는 비기술문제에 기술분야 보다 더 많은 물리모순이 들어 있다. 때문에 트리즈를 비기술분야에 적용하는 것은 어렵지 않은 것으로 보인다. 왜냐하면 모순을 해결하는 과정은 동일하기 때문이다. 다만 문제를 재 정의하는 과정이 다를 뿐이다. 하지만 기존의 트리즈 방법론을 비기술문제해결에 적용하는 것은 어렵다. 다음은 비기술문제해결에 트리즈의 적용이 왜 어려운가를 보여준다.

문제의 내용을 정확하게 파악하지 못한다.	1. 현업의 문제는 많은 요소들로 엉켜있다. 2. 문제를 하나하나 단계적으로 분석하지 못한다. 3. 기존의 지식과 경험으로 문제를 해결한다.
모순이 있는 비기술문제는 해결책을 찾을 수 없다고 생각한다.	1. 모순은 해결할 수 없다고 고정관념을 가진다. 2. 선임자들이 모순문제를 이해하지 못한다.
정형화된 문제해결 방법론이 없다.	1. 기존의 시행착오식 문제해결 방법을 사용한다. 2. 트리즈와 같은 문제해결 방법론을 사용 않는다.

사람이 관계되는 비기술문제는 문제의 실체를 정확하게 정의하기 어렵다. 왜냐하면 많은 요소들이 엉켜 있기 때문이다. 문제를 하나하나 단계적으로 분석할 수 있는 구체적인 문제해결 방법론이 없기 때문에 기존의 경험과 지식으로 문제를 한 번에 해결하고자 한다. 일반적으로 사람들은 모순이 들어 있는 문제는 절대로 해결할 수 없다는 강한 고정관념을 가지고 있다

새로운 비기술용 문제해결방법론이 필요하다. 저자는 오래 전부터 기술용으로 만들어진 실용트리즈를 비기술용으로도 사용할 수 있도록 연구하고 있다. 비기술용 요소-상호관계 방법론을 설명한다.

요소-상호관계 기법의 개요

요소-상호관계 분석은 주로 사람과 관련된 문제를 모델링하기 위한 도구이다. 하지만 기술문제에 사용하여도 유용한 방법론이다. 다음은 두 개 요소와 하나의 상호관계로 구성된 요소-상호관계기법과 세부 설명이다.

- 요소(Element): 문제를 분석하기 위한 두 개의 핵심성분으로 사람의 성격, 물건의 가격, 시간, 공간, 시장, 관리 등이 될 수 있다. 왼쪽에

위치한 요소1은 요소2에 영향을 줄 수 있는 것으로 선택한다. 문제해결에 주체적인 위치에 있는 것을 요소1로 한다. 물리모순은 반드시 요소1의 성분 중에서 나오도록 하는 것이 모순도출에 편리하다.

- 상호관계(Interaction): 두 요소 사이에서 발생되는 상호관계로 제품의 가격, 속도, 정보, 성격, 가치관 등이 될 수 있다.
- 연결기호: 점선은 두 요소가 서로 관련되어 있음을 의미하고 화살표는 두 요소 간의 상호관계의 방향을 의미한다.

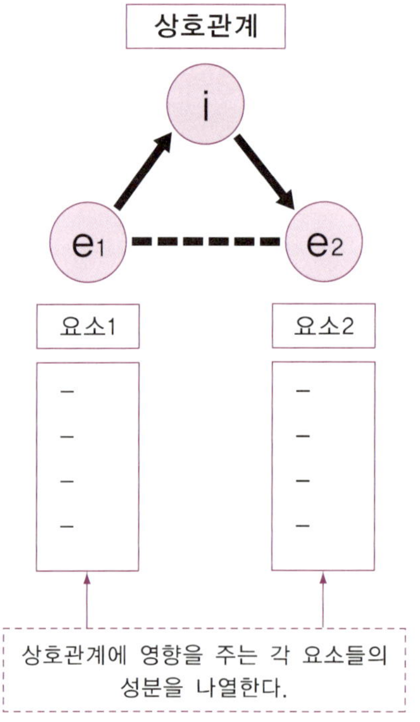

상호관계를 갖는 요소1과 요소2는 문제를 야기 시키는 문제의 핵심부분이다. 상호관계는 두 요소들의 관계를 대표하는 적당한 표현을 의미한다.

비기술문제해결에서 정확한 상호관계 설정이 아주 중요하다. 상호관계가 명확하지 않으면 두 요소 간의 관계를 재 정의할 수 없다. 이 경우 문제 속에 들어 있는 모순을 찾아 낼 수 없다. 때문에 두 요소를 먼저 결정하고 상호관계를 설정해야 한다. 두 요소의 성분(각 요소 아래 있는 사각형에 들어가는 것)은 상호관계와 직접적인 관련이 있는 것들만을 의미한다.

트리즈에서 문제를 재 정의하고 분석할 때 사람과 사람 및 사람과 사물의 관계를 하나의 시스템으로 본다. 이 같은 관점은 아주 중요하다. 왜냐하면 사람의 주관을 배제하고 문제를 객관적으로 바라볼 수 있기 때문이다. 사람을 포함하는 모든 문제의 상황을 시스템적으로 분석하면 기술문제와 같이 단계별로 문제를 해결할 수 있다.

일상에서 시스템을 구성하는 성분으로 요소라는 명칭을 우리들은 잘 알고 있다. 뿐만 아니라 상호관계라는 용어도 일상의 관계를 설명할 때 자주 사용한다. 여기서 요소는 문제를 발생시키는 핵심적인 어떤 것을 의미한다. 비기술 분야에서는 실체를 표시할 수 없는 사람의 성격, 행동, 정보 등과 시간, 공간, 힘과 같은 물리량들이 요소가 된다. 요소-상호관계기법은 과학기술 분야에서는 구체적인 물리량으로 나타낼 수 있는 힘, 에너지, 자기력, 진공 등을 의미한다. 반면 비과학기술 분야에서는 사람을 포함하는 생물의 행동 사회활동에서 발생되는 모든 것을 의미한다. 세부내용은 예를 통하여 설명한다.

예제 1

3살 어린이가 부모에게 강아지를 사달라고 한다. 집에서는 강아지를 기를 수 없는 상황이다. 문제를 일으키는 영역을 요소-상호관계도로 만들어 가는 과정을 설명한다.

두 요소와 상호관계 결정하기

문제에서 두 개의 요소와 하나의 상호관계를 찾아야 한다. 문제에서 요소1과 요소2는 엄마와 어린이 이다. 상호관계는 두 요소들 사이의 관계로 엄마와 어린이는 강아지를 사이에 두고 갈등하고 있다. 때문에 상호관계는 갈등이 된다. 먼저 두 요소와 상호관계를 결정해야 한다. 요소1은 엄마이고 요소2는 어린이다. 상호관계는 갈등이다. 요소-상호관계 그림은 다음과 같다. 요소1에서 요소2로 화살표가 나가는 형태이다. 왜냐하면 요소1의 엄마가 문제를 해결하는 주체적인 역할을 하기 때문이다. 때문에 요소1(엄마)에서 모순이 도출된다.

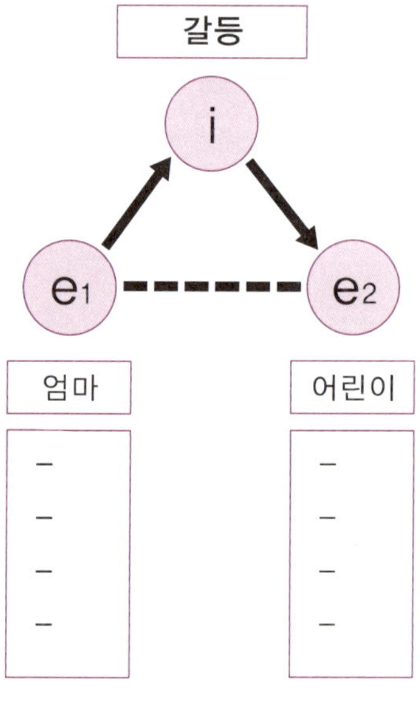

그림에서 엄마와 어린이 글자 아래에 위치한 사각형에 각 요소의 성분을 넣어야 한다. 엄마와 어린이가 갈등하고 있는 것과 직접적으로 관련이 높은 순서대로 각 요소의 성분을 기록한다. 애완견 관련하여 엄마와 직접적으로 관계되는 성분을 기록한다. 그리고 애완견 관련하여 어린이와 관계되는 성분을 기록한다. 다음 그림은 각 요소의 성분들을 넣은 요소-상호관계도이다.

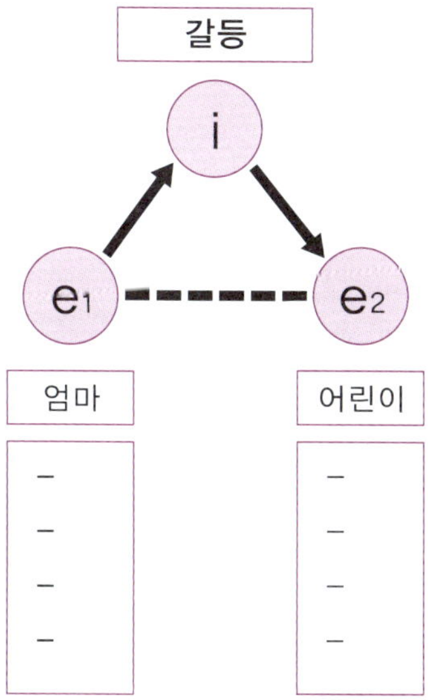

엄마의 각 성분 중에서 물리모순을 찾아보자. 여러 가지 모순이 있을 수 있다. 어린이가 아주 강하게 요구하는 경우 엄마는 애완견을 구입해야 한다. 엄마는 직장에 출근해야 한다. 때문에 애완견을 돌볼 수 없다. 명백한 모순이다. 엄마는 애완견을 구입하기도 하고 구입하지 않기도 해야 한다.

다른 모순도 있다. 엄마는 직장에 출근해야 하고 애완견 때문에 출근하지 않아야 한다. 또 다른 모순도 있을까? 없다. 엄마의 나이나 환경 등에 모순을 걸 수는 없다. 엄마에 속하는 많은 다른 성분들이 있을 수 있다. 엄마의 초등학교 시절 친구의 이름도 있고 엄마의 화장품도 있다. 이런 것들은 애완견 관련 갈등과 아무런 상관이 없다. 때문에 엄마의 요소에 대한 성분이 되지 못한다. 엄마에 속하는 많은 성분들이 있지만 실제로 갈등과 직접적으로 관련이 있는 성분은 아주 제한적이고 이 중 일부에 모순이 걸리게 된다.

일단 모순이 도출되면 다음 과정은 기술문제해결과 동일한 단계로 해결책을 찾으면 된다. 모순 요소를 단계별로 분석하면 새로운 많은 해결책을 찾을 수 있다. 저자의 경우 처음 이 요소-상호관계 기법을 만들었을 때 모순의 도출이 가장 어려웠다. 하지만 많은 현업 문제를 이 기법으로 해결한 이후 모순을 쉽게 찾고 있다.

이 책에서 설명하는 요소-상호관계 기법은 실용성이 검증된 것이다. 이제 비기술문제 해결에 요소-상호관계 기법을 누구나 쉽게 사용할 수 있다.

요소-상호관계 기법은 시청의 민원 문제나 기업의 인사문제 등과 같은 사람과 사람사이에서 발생되는 모순문제 해결에 유용하다.

연습문제

다음은 요소-상호관계 모델에 대한 연습문제이다. 앞에서 설명한 내용을 참고하여 요소-상호관계 모델로 표현해볼 수 있는 다양한 문제들이다.

1 아파트 내에서 자동차들이 과속하는 문제가 있다. 문제를 일으키는 영역을 요소-상호관계로 나타내어라.

2 병원에 손님이 적게 오는 문제가 있다. 문제를 일으키는 영역을 요소-상호관계로 나타내어라.

3 어린 학생들이 흡연을 하는 문제가 있다. 문제를 일으키는 영역을 요소-상호관계로 나타내어라.

4 식당에서 음식이 많이 버려지는 문제가 있다. 문제를 일으키는 영역을 요소-상호관계로 나타내어라.

5 회사 업무 중 인터넷을 하는 문제가 있다. 문제를 일으키는 영역을 요소-상호관계로 나타내어라.

6 회의에 늦게 참석하는 직원 때문에 시간이 낭비 되는 문제가 있다. 문제를 일으키는 영역을 요소-상호관계로 나타내어라.

7 알람시계가 울렸을 때 끄고 다시 잠을 자는 문제가 있다. 문제를 일으키는 영역을 요소-상호관계로 나타내어라.

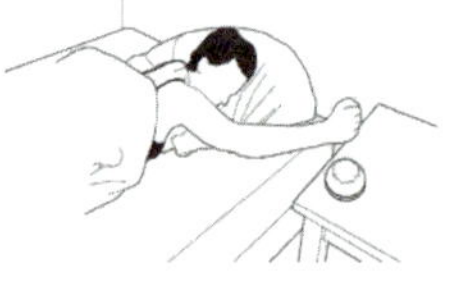

8 자동차 열쇠를 분실하는 문제가 있다. 문제를 일으키는 영역을 요소-상호관계로 나타내어라.

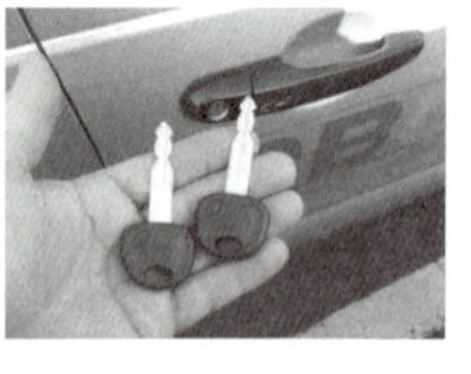

9 중소기업에서 기술 인력을 채용하기 어려운 문제가 있다. 문제를 일으키는 영역을 요소-상호관계로 나타내어라.

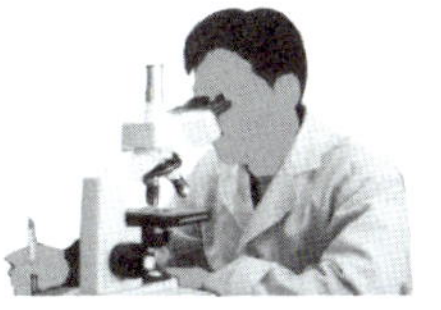

10 흡연공간 제한으로 인한 흡연자들의 불만 문제가 있다. 문제를 일으키는 영역을 요소-상호관계로 나타내어라.

11 다문화 가정에서 한글교육을 받기 어려운 문제가 있다. 문제를 일으키는 영역을 요소-상호관계로 나타내어라.

12 전철역에 노숙자들이 많이 모이는 문제가 있다. 문제를 일으키는 영역을 요소-상호관계로 나타내어라.

13 등산로(산 정상)에서 술을 파는 문제가 있다. 문제를 일으키는 영역을 요소-상호관계로 나타내어라.

3.3 3단계 문제해결(3SPS)

본 단원에서는 문제를 해결하기 위하여 3단계문제해결(3SPS)을 하나의 문제에 종합적으로 적용하여 해결해나가는 과정을 설명한다. 기초문제들을 단계별로 직접 풀어보게 하는 실질적인 문제해결의 장이다.

트리즈는 문제를 창의적으로 해결하는 새로운 방법론이다. 트리즈에서 말하는 문제란 무엇인가? 트리즈는 주로 기술영역의 문제해결에 사용된다. 트리즈에서 말하는 기술문제는 모순으로 표현되는 난이도가 높은 문제들이다. 알트슐러의 기술발전 연구에 의하면 혁신적인 기술개발은 모순을 극복하여 나온 것으로 볼 수 있다. 만일 현재 우리가 가진 기술문제가 모순을 포함하고 있다면, 그 모순을 극복하면 혁신적인 해결책이 된다는 의미이다.

우리들이 가지고 있는 여러 가지 문제들을 해결하는데 가장 큰 어려움은 무엇일까? 아마 많은 사람들은 문제에 대한 경험과 지식의 부족이 문제해결을 어렵게 하는 것으로 생각할 것이다. 아니다. 지식의 부족이 문제해결에 어려움을 주는 경우는 극히 적다. 심리적 장벽에 의한 고정관념이 혁신적인 해결책을 찾는데 가장 큰 장애다. 문제 속에 모순이 들어 있는 경우 대부분의 연구자들은 심리적으로 자신의 문제는 해결 할 수 없어 라고 생각하는 경향이 아주 강하다. 모순을 어떻게 해결한단 말인가? 모순을 근본적으로 해결하는 방법은 절대 없다. 때문에 적당하게 절충하는 수밖에 없어 라고 생각하게 된다.

실용트리즈의 단계별 문제해결 과정을 통하여 모순장벽을 확실하게 돌파할 수 있다. 트리즈는 확실하게 모순을 극복할 수 있게 한다. 하지만 트리즈의 단계별 문제해결 과정 자체가 전문지식의 부족을 보완하지는 못한다. 근본적으로 문제에 대한 전문지식은 사람이 공부해야 한다. 전문지식이 부족하면 문제 자체를 이해할 수 없고 또한 새롭게 정의할 수 없다. 때문에 문제에 대한 전문지식은 문제해결의 전제 조건이다. 트리즈는 지식을 보완할 수 있는 도구가 아니다. 문제 속에 들어 있는 모순을 찾아서 해결하는 방법론이다. 모순을 찾기 위한 단계별 구체적인 접근 방법이 바로 3SPS이다. 다음은 실용트리즈의 단계별 문제해결 과정에 대한 설명이나.

3.3.1 3SPS의 개요

실용트리즈의 3단계문제해결(3SPS) 방법론을 설명한다. 다음 그림에서 Problem는 해결해야 하는 문제이고 Solution는 문제의 해결책을 의미한다. 그림에서 3SPS는 3단계로 문제를 분석하고 해결책을 찾아가는 과정이다. 각 단계의 이름은 ① 경계영역의 도식화, ② 모순도출 및 ③ 모순분석이다.

다음은 각 단계에 대한 설명이다. 3SPS에서 1단계가 가장 중요하다. 만일 1단계인 경계영역의 도식화에 대한 이해가 부족하면 2단계에서 모순을 찾고 3단계에서 모순을 분석할 수 없다. 3SPS의 각 방법론들은 3장의 실용트리즈에서 상세히 설명되었다. 본 장에서는 각 방법론들을 결합하여 단계별로 문제를 해결하는 과정이다. 예를 통하여 설명한다.

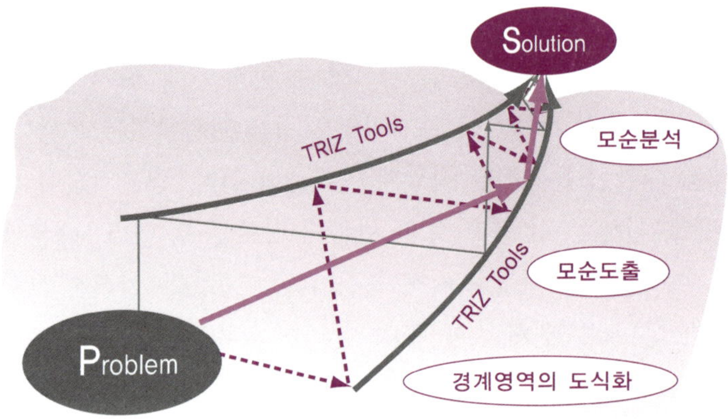

3SPS : 3 Step Problem Solving
1단계 : 경계영역의 도식화
2단계 : 모순도출
3단계 : 모순분석

3.3.2 3SPS 적용 문제해결 1

3장 실용트리즈의 경계영역의 도식화에서 풀어본 어린이들이 유리문에서 손가락이 다치는 문제를 3SPS로 단계별로 분석하여 해결책을 찾아가는 과정을 설명한다.

1단계: 경계영역의 도식화

손가락이 다치는 문제의 경계영역의 도식화는 문제를 일으키는 직접적인 원인을 그림의 형태로 나타내는 것을 의미한다. 유리문에서 문제를 일으키는 경계영역은 손가락이 문에 끼여 눌러지는 부분이다. 문제의 전체적인 상황과 경계영역을 그림으로 나타낸다. 다음은 경계영역을 그리는 단계이다. 문제에서 손가락을 다치게 하는 경계부분을 그림으로 그린다. 그림으로부터 손가락을 다치게 하는 원인을 분석한다.

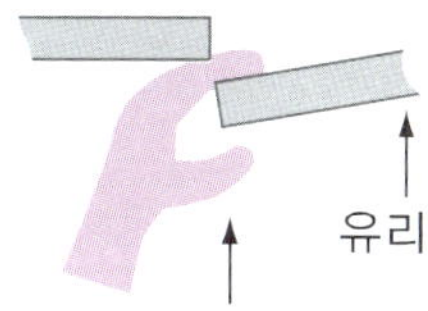

2단계: 물리모순 도출

1단계 경계영역 도식화에서 물리모순을 도출한다. 그림에서 손가락이 다친 원인은 문이 단단하기 때문이다. 그러므로 모순은 다음과 같다.

- 물리모순 1: 문의 소재는 단단해야 하고 단단하지 않아야 한다. 단단해야 문의 기능을 수행하지만 단단한 것이 손가락을 다치게 하기 때문에 물리모순이 된다. 문의 소재가 단단한가, 단단하지 않은가는 명확한 물리모순이다.
- 물리모순 2: 문의 틈새는 커야 하고 작아야 한다. 문의 틈새가 커면 손가락을 다치지 않기 때문이다. 이 경우 문의 방범기능이나 바람을 막아 주는 기능은 약화된다. 때문에 문의 틈새의 크기는 명백한 물리모순이 된다.

3단계: 물리모순 분석

물리모순은 분리원리를 적용하여 해결한다. 3장에서 설명한 분리의 원리는 4가지로 구성되어 있다. 시간분리와 공간분리를 적용하여 물리모순을 분석하면 다음과 같다.

- 물리모순 1의 분석

  '문은 단단하기도 하고 단단하지 않아야 한다.'라는 모순을 시간과 공간적으로 분리시켜 분석한다.

  - 시간분리: 문이 열리거나 닫히는 시간은 단단하지 않고 닫혀 있는 시간은 단단하다.
  - 공간분리: 손가락이 닿는 부분은 단단하지 않고 손가락이 닿지 않는 부분은 단단하다.

- 물리모순 2의 분석

  '문의 틈새는 커야 하고 작아야 한다.'라는 모순을 시간과 공간적으로 분리시켜 분석한다.

  - 시간분리: 문이 열리거나 닫히는 시간은 틈새가 커고 닫혀 있는 시간은 틈새가 작다.
  - 공간분리: 손가락이 닿는 위치는 틈새가 커고 손가락이 닿지 않는 위치는 틈새가 작다.

- 모순해결책

  앞의 두 가지 모순분석의 결과에서 모순을 극복하는 해결책을 찾아보자.

  물리모순 1의 공간분리를 보자. 손가락이 닿는 부분은 단단하지 않고 손가락이 닿지 않는 부분은 단단하다. 이 모순의 해결책은 다음 그림과 같다. 손가락이 닿는 유리문의 모서리 부분에 단단하지 않은 소재를 부착하여 손가락을 다치지 않게 하였다. 실제로 특허로 등록된 창의적인 해결책이다.

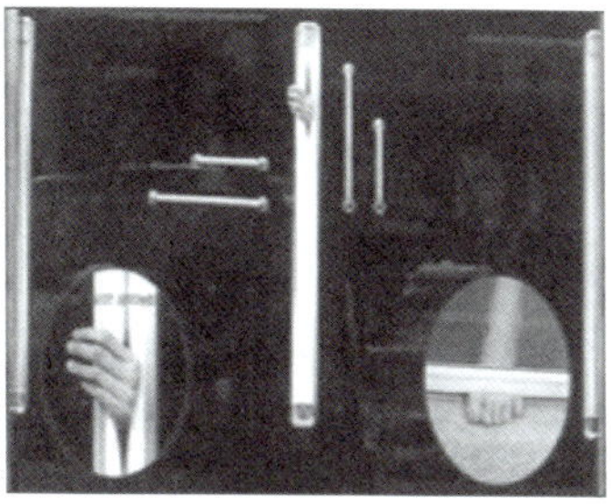

물리모순 2의 공간분리를 보자. 손가락이 닿는 위치는 틈새가 커고 손가락이 닿지 않는 위치는 틈새가 작다. 이 모순의 해결책도 물리모순 1의 해결책과 같은 의미이다. 손가락이 닿는 유리문의 모서리 부분에 단단하지 않은 소재를 부착하여 손가락이 들어가면 휘어지게 하였다. 실제로 특허로 등록된 창의적인 해결책이다.

독자들은 경계영역의 도식화를 그림으로 그리고 문제의 원인을 여러 가지 찾아내는 것을 어렵게 생각할 것이다. 저자는 600회 이상 실용트리즈를 교육 컨설팅한 경험이 있다. 교육에 참석한 많은 사람들은 경계영역의 도식화를 비교적 쉽게 이해하였다. 3가지 정도의 예제를 풀어보면 누구나 경계영역의 도식화를 사용할 수 있다. 앞의 설명에서와 같이 1단계 경계영역의 도식화는 문제의 원인을 찾는데 아주 유용하다. 뿐만아니라 문제 속에 숨어 있는 물리모순을 쉽게 찾을 수 있게 한다. 다치지 않는 안전한 회전문은 손가락이 닿는 유리의 끝 부분에 유연한 고무 패드를 붙이면 된다. 모순을 통하여 쉽게 이 같은 생각을 할 수 있다.

3.3.3 3SPS 적용 문제해결 2

3장의 시스템의 기능분석에서 풀어본 석쇠에 붙은 기름이 타는 문제에 대한 3SPS 적용 과정을 설명한다.

1단계: 경계영역의 도식화

석쇠에 붙은 기름이 타는 문제의 경계영역의 도식화는 문제를 일으키는 직접적인 원인을 그림의 형태로 나타내는 것을 의미한다. 불고기 시스템에서 문제를 일으키는 경계영역은 숯불이 석쇠를 가열하여 기름을 태우는 부분이다. 문제의 전체적인 상황과 경계영역을 그림으로 나타낸다. 다음은 경계영역을 그리는 단계이다. 문제에서 기름을 타개하는 부분의 경계부분을 그림으로 그린다. 그림으로부터 기름이 탈 수 밖에 없는 원인을 분석한다. 고기를 구울 때 기름이 타는 문제가 발생하는 영역에 들어 있는 각 요소들을 그림으로 그려야 한다. 석쇠 위에 올려놓은 고기가 숯불에 의하여 굽히는 상태를 그림으로 나타내면 다음과 같다.

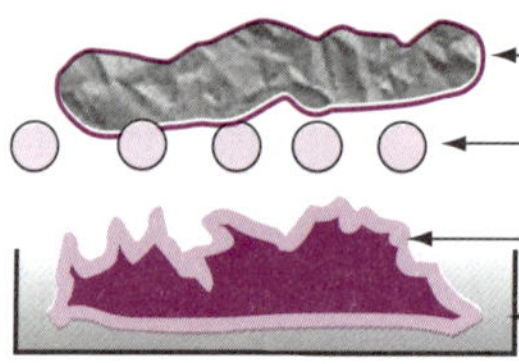

그림에서 불고기 구이기의 기술시스템의 요소는 숯불, 석쇠이다. 고기를 굽기 위한 숯불의 열원이 석쇠를 가열하고 있음을 쉽게 알 수 있다. 때문에 석쇠에 붙은 기름이 타는 문제를 발생시킨다. 열원이 고기를 가열하면서 석쇠를 가열하는 것이 문제이다.

2단계: 물리모순 도출

1단계 경계영역 도식화에서 물리모순을 도출한다. 그림에서 기름을 태우는 원인은 석쇠가 높은 열을 받는 위치에 있기 때문이다. 그러므로 모순은 다음과 같다.

- 물리모순 1: '석쇠는 숯불 위에 있어야 하고 없어야 한다.' 이다. 석쇠는 고기를 올려놓기 위하여 숯불 위에 있어야 하지만 이 경우 열을 흡수하여 기름을 태우는 문제를 야기 시킨다. 때문에 석쇠의 위치가 명확한 물리모순이 된다.
- 물리모순 2: 석쇠는 열을 받아야 하고 열을 받지 않아야 한다. 열을 받지 않으면 고기를 굽기 어렵기 때문에 석쇠가 열을 흡수 하는가 아닌가는 물리모순이 된다(여기서 석쇠 직경의 크기도 또 다른 물리모순이다).

3단계: 물리모순 분석

물리모순은 분리원리를 적용하여 해결한다. 3장에서 설명한 분리의 원리의 시간분리와 공간분리를 적용하여 물리모순을 분석하면 다음과 같다.

- 물리모순 1의 분석

  '석쇠는 고기를 지지하기 위하여 있어야 하고 기름을 붙지 않게 하기 위하여 없어야 한다.'라는 모순을 시간과 공간적으로 분리시켜 분석한다.

  - 시간분리: 석쇠가 시간에 따라 있기도 하고 없기도 하게 한다.
  - 공간분리: 기름이 숯불에 타는 위치에는 석쇠가 없고 다른 위치에는 있다.

- 물리모순 2의 분석

  '석쇠는 열을 받아들여야 하고 열을 받아들이지 않아야 한다'.라는 모순을 시간과 공간적으로 분리시켜 분석한다.

  - 시간분리: 기름이 타지 않는 시간까지는 열을 받아들이고 타는 시간은 열을 받아들이지 못하게 한다.

- 공간분리: 석쇠의 형상을 열을 받아들이는 위치와 열을 받아들이지 않는 위치로 나눈다.

• 모순해결책

앞의 두 가지 모순분석의 결과에서 모순을 극복하는 해결책을 찾아보자. 물리모순 2의 해결책으로 다음과 같은 것을 생각할 수 있다. 석쇠 속에 물을 넣어 열을 받아들이는 공간과 열을 받아들이지 않게 할 수 있는 구조로 만들 수 있다. 이런 제품은 실제로 특허로 등록되어 있다. 다음은 석쇠 속에 물을 넣은 모순해결책의 그림이다.

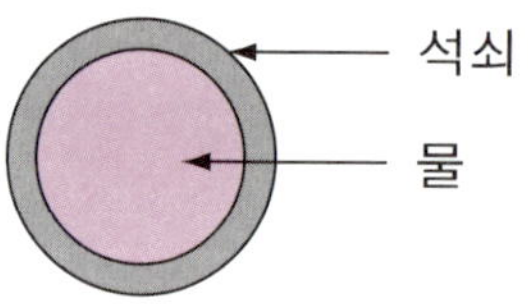

이런 기술은 실제로 특허로 등록되어 있다. 다음은 현재 불고기 식당에서 사용하는 제품이다. 기름이 타지 않기 때문에 석쇠를 교체할 필요가 없다. 5회 이상 고기를 구어도 석쇠가 검게 변하지 않는다.

3.3.4 3SPS 표준양식

문제를 보다 쉽게 해결하기 위하여 표준화된 풀이 과정과 표준양식은 아주 중요하다. 기존의 트리즈에는 이와 같은 표준양식이 없다. 때문에 실용적인 트리즈 교육이 어려웠다. 기존의 트리즈는 어렵고 너무 많은 시간이 필요하다는 것이 교육생들이 가지는 공통된 큰 불만이다. 3SPS에는 단계별로 정리할 수 있는 표준양식이 있다. 다음은 문제를 분석하고 해결책을 찾기 위한 표준양식이다.

다음은 표준양식에 맞추어 문제를 각 단계별로 분석하고 그 해결책을 정리해 나가는 과정을 정리한 예이다. 표준양식 작성 시 다음 내용에 맞추어 연습하는 것이 창의성 향상에 좋다.

각 단계의 핵심 내용을 그림으로 최대한 설명한다. 그림 자체가 중요한 것이 아니라 입체적 사고과정이 중요하다.

① 각 단계의 분석 결과는 간결하게 표현한다.
② 각 단계별 분석의 과정은 연계성이 있어야 한다.
③ 문제의 해결책을 먼저 생각하지 말고 반드시 3SPS의 과정에 맞게 분석하여 간다. 해결책이 중요한 것이 아니라 과정이 중요하다. 해결책은 과정의 결과물이다.
④ 각 단계를 2사람 이상이 토의하면서 분석하는 것이 효과적이다.
⑤ 다양하게 문제를 분석한 후 최종 결과를 '표준양식'에 그림과 문자로 설명한다.
⑥ 각 단계의 분석 결과는 여러 가지이다. 해결책의 방향과 관련성이 가장 높은 것을 우선적으로 정리하여 적용 여부를 종합적으로 평가한다.
⑦ 적용 가능성이 낮은 경우, 다른 각도에서 3SPS 과정을 다시 분석한다.

본 단원의 연습문제는 뒤에 나오는 5장 '팀별 기초문제해결 실습'에 있다. 4장에 나오는 '대학생 문제해결 사례'를 공부한 후 팀별로 깊이 있게 문제를 해결하기 위함이다.

문제 제목: **3SPS용**

문제 내용 ➡ **경계영역의 도식화(1단계)**

모순도출(2단계)

1\. ➡ **모순분석(3단계)**

분리원리	모순분석
1. 시간 분리	
2. 공간 분리	

2\. ➡ **모순분석(3단계)**

분리원리	모순분석
1. 시간 분리	
2. 공간 분리	

3.4 4단계 문제해결(4SPS)

3.4.1 4SPS의 개요

기술문제해결을 위한 4단계문제해결(4SPS)을 설명한다. 다음 그림에서 Problem는 해결해야 하는 문제이고 Solution은 문제의 해결책을 의미한다.

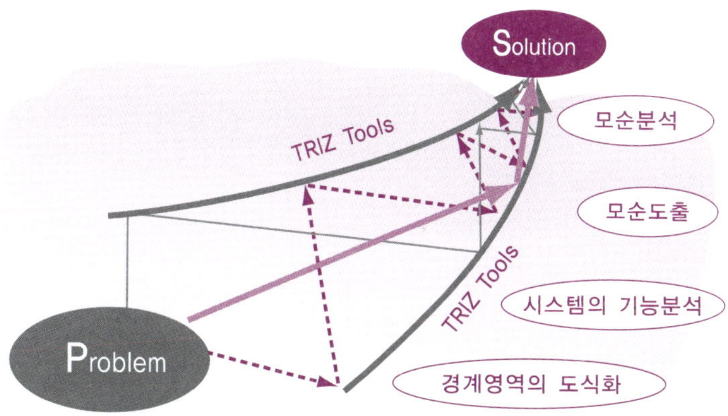

4SPS : 4 Step Problem Solving
1단계 : 경계영역의 도식화
2단계 : 시스템의 기능분석
3단계 : 모순도출
4단계 : 모순분석

그림에서 4SPS는 4단계로 문제를 분석하고 해결책을 찾아가는 과정이다. 각 단계의 이름은 ① 경계영역의 도식화, ② 시스템의 기능분석, ③

모순도출 및 ④ 모순분석이다. 다음은 각 방법론에 대한 설명이다. 4SPS는 2단계인 시스템의 기능분석을 제외하고 3SPS와 동일하다. 때문에 이 단원에서는 4SPS에 대한 전반적인 내용과 3SPS에서 설명되지 않은 시스템의 기능분석을 중심으로 설명한다.

3.4.2 4SPS 적용 문제해결 1

3SPS에서 풀어본 어린이들이 유리문에서 손가락이 다치는 문제를 4단계로 풀어 본다. 경계영역을 통하여 기능분석도를 그리고 모순을 찾아 분석하는 전체 과정을 설명한다.

1단계: 경계영역의 도식화

3SPS의 1단계 경계영역의 도식화 그림과 동일하다. 문의 전체 도식화 그림은 다음과 같다. 핵심요소들의 이름을 반드시 기록해야 한다. 다음 단계인 기능분석도 작성에 반드시 필요하다.

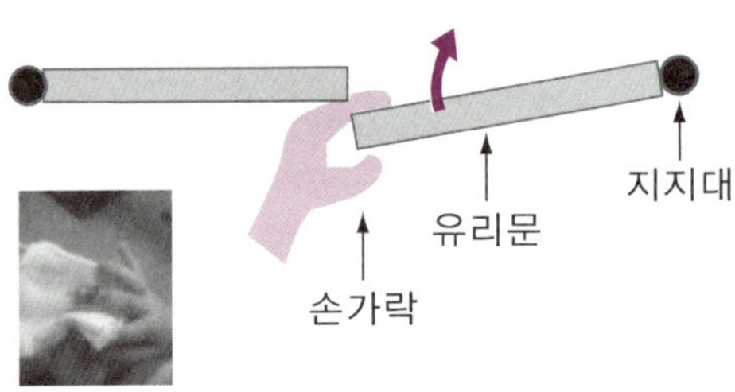

문제를 일으키는 경계영역의 도식화가 필요하다. 문이 어린이의 손가락에 상처를 주는 실제 상황을 확대하여 그려야 한다. 다음 그림이다. 두 그림을 바탕으로 다음 단계의 기능분석이 이루어진다.

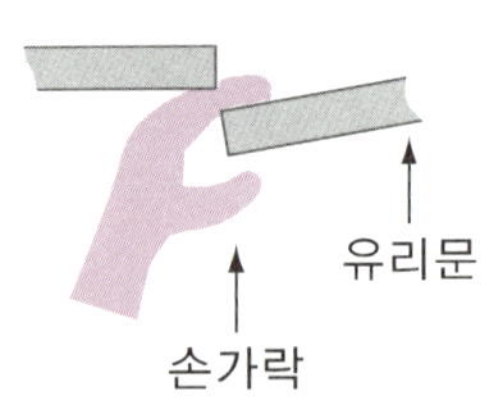

2단계: 시스템의 기능분석

문제를 기능의 관점에서 분석한다. 1단계 그림을 바탕으로 시스템의 기능을 분석하고 기능분석도를 그린다. 시스템의 핵심 요소들은 문, 문의 모서리, 지지대, 손가락 등이다. 기술시스템의 요소와 목표대상을 결정하고 그린 것이 다음의 기능분석도이다.

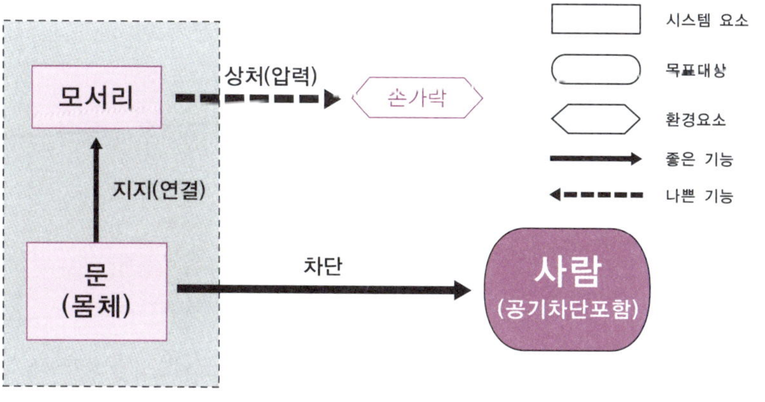

기술시스템의 핵심요소는 문, 문의 모서리이다. 1단계 그림에 포함될 수 있는 문의 다른 요소는 지지대, 회전장치, 벽 등이 있다. 이들은 문제를 일으키는 직접적인 요소가 아니기 때문에 생략한다. 문의 목표대상은 사람이고 손가락은 환경요소이다. 문에 연결되어 있는 모서리가 사람의 손가락에 상처를 주는 것이 문제이다. 문이 사람을 차단하는 유익한 기능을 수행하면서 생기는 유해한 기능이 바로 문의 모서리가 사람의 손가락을 다치게 하는 상황이다. 문이 사람을 차단하는 좋은 기능을 수행하기 때문에 문에서 사람으로 향하는 기능의 화살표는 실선이다. 반면 문의 모서리는 어린이의 손가락을 눌러 상처를 주기 때문에 점선 화살표이다.

문은 건물로 들어오는 침입자를 막아주고 바람과 비 등을 막아 주는 좋은 기능을 주로 한다. 열려진 문이 회전장치, 바람, 옆 사람 등에 의하여 닫히는 경우 손가락에 상처가 생길 수 있다.

손가락은 문을 열기 위하여 문 가까이 위치 할 가능성이 높다.

① 손가락으로 문을 열지 않는 경우 손을 다치는 경우는 발생하지 않는다. 즉 손가락이 문을 여는 기능을 다른 부분(부품)이 수행하게 하면 처음부터 손가락이 다칠 가능성은 없다.

② 손가락이 문을 여는 기능을 하지 않는 경우 문제(상처)가 발생할 가능성은 극히 낮다. 이것으로부터 많은 새로운 해결책을 생각할 수 있다. 기능분석도로부터 문은 닫힌 상태로 차단 기능을 수행하기도 하지만 열린 상태로 사람을 출입하게 한다.

문을 손가락으로 열기 때문에 문의 틈에 손가락이 순간적으로 위치할 가능성이 높다. 이로 인하여 손이 다치는 경우가 많다. 만일 문을 여는 기능을 손이 아닌 다른 부분이 수행하면 손가락이 다치는 경우는 발생하지 않는다는 사실을 알 수 있다.

기존 트리즈에는 기능분석을 사용하여 문제를 해결하는 구체적인 설명이 없다. 기술문제가 복잡하게 얽혀 있는 경우 기능분석은 매우 중요하다. 특히 복잡한 시스템의 모순관계를 명확히 하는데 기능분석도는 아주 중요하다. 실용트리즈의 4단계 문제해결을 이해하기 위하여 기능분석과 기능분석도의 의미를 정확하게 이해해야 한다. 실용트리즈에서 사용되는 기능은 '기능분석'과 '기능분석도'라는 형태로 사용된다. 일상의 기능과는 많은 차이가 있다. 기능분석에 대한 세부내용은 3장 실용트리즈의 시스템의 기능분석을 참고하여 확실하게 이해하고 있어야 한다.

기능분석도에 나타낸 실선과 점선 화살표의 위치와 방향에 의하여 물리모순을 도식적으로 찾을 수 있다. 이것은 기존의 트리즈에 없는 완전히 새로운 것이다. 경계영역의 도식화와는 다른 형태로 물리모순을 새롭게 찾을 수 있다. 현업 문제해결에 아주 유용하다. 문에 손가락이 다치는 것과 같은 일상의 문제는 상식적으로 우리들이 잘 알고 있다. 때문에 기능분석도에서 새로운 해결책을 찾는데 큰 도움이 되지 못할 수 도 있다. 하지만 복잡한 문제를 해결할 때 기능분석도의 개념은 중요하다. 학생용인 이 책에서는 기초 문제 수준만을 주로 설명한다.

3단계: 물리모순도출

4SPS의 경계영역의 도식화 과정을 통하여 찾은 모순은 3SPS와 동일하다. 때문에 3SPS에서 설명한 물리모순 1과 2에 대한 세부 설명은 생략한다.

4단계: 물리모순분석

3SPS와 동일하므로 세부 내용설명은 생략한다.

3.4.3 4SPS 적용 문제해결 2

3SPS에서 풀어본 석쇠에 붙은 기름이 타는 문제에 대한 4SPS 적용 과정을 설명한다. 기능분석을 중심으로 설명된다.

1단계: 경계영역의 도식화

3SPS의 1단계와 동일하다. 2단계의 기능분석을 위하여 설명한다. 불고기를 구울 때 기름이 타는 문제가 발생하는 영역에 들어 있는 각 요소들을 그림으로 그린다. 다음은 석쇠 위에 올려놓은 고기가 숯불에 의하여 굽히는 그림이다.

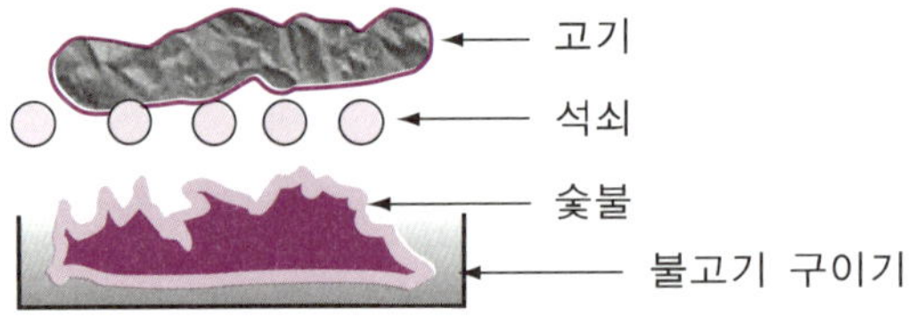

그림에서 불고기 구이기의 기술시스템의 요소는 숯불, 석쇠이다. 고기를 굽기 위한 숯불의 열원이 석쇠를 가열하고 있음을 쉽게 알 수 있다. 때문에 석쇠에 붙은 기름이 타는 문제를 발생시킨다. 열원이 고기를 가열하면서 석쇠를 가열하는 것이 문제이다. 앞의 그림을 바탕으로 각 요소들의 기능을 분석한다.

2단계: 시스템의 기능분석과 기능분석도

• 불고기 구이기의 기능분석도

기술시스템은 불고기 구이기이고 목표대상은 고기이다. 때문에 불고기 구이기의 기능분석도는 다음과 같다. 기술시스템(불고기 구이기)는 사각형이고 목표대상(고기)은 둥근형으로 표현되었다.

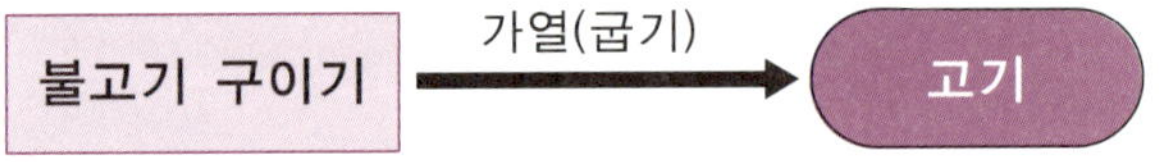

불고기 구이기가 고기를 가열(굽기)하는 것은 좋은 기능이다. 때문에 화살표는 실선이다. 불고기구이기는 고기를 굽기 위하여 숯불을 사용한다. 이 경우 석쇠에 붙은 기름이 타는 문제가 발생된다.

문제영역의 기능분석도

앞의 그림을 바탕으로 문제영역의 기능분석도를 그리면 다음과 같다.

불고기 구이기의 핵심 부품은 숯불이다. 숯불의 기능은 고기를 굽는 좋은 기능을 한다. 때문에 실선 화살표이다. 반면 숯불의 열원이 석쇠를 가열하는 나쁜 기능도 한다. 때문에 점선 화살표이다. 석쇠는 고기를 지지하고 있는 기능을 한다. 때문에 실선 화살표이다. 하지만 석쇠에 흡수된 열은 기름을 태우는 나쁜 기능을 한다. 때문에 점선 화살표이다. 기술시스템의 요소는 사각형이고 목표대상(고기)은 둥근형 그리고 환경요소(기름)은 육각형으로 표현되었다.

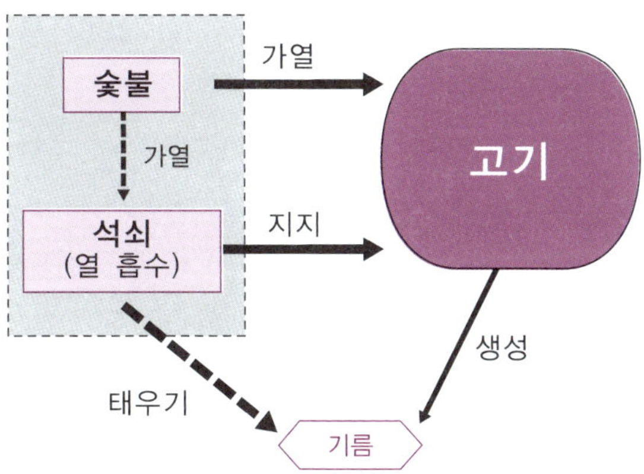

3단계: 물리모순 도출

기능분석도로부터 모순을 다른 각도로 찾을 수 있다. 기능분석도의 석쇠에서 실선(유익)과 점선(유해) 화살표가 밖으로 나가고 있다. 이것은 큰 의미를 가진다. 물리모순이 석쇠에 있음을 의미한다. 3SPS의 경우 기능분석

단계가 없다. 이 경우 물리모순의 도출은 경계영역의 도식화로부터 직관적으로 찾았다. 하지만 4SPS의 경우 기능분석도에 물리모순이 걸리는 요소가 도식적으로 나타난다. 물리모순이 걸리는 부품이 문제해결에 가장 핵심 요소이다.

불고기 구이기에서 석쇠는 고기를 지지하기 위하여 반드시 있어야 한다. 하지만 이 경우 숯불로부터 열을 흡수하여 기름을 태우기 때문에 석쇠는 없어야 한다. 물리모순으로 표현하면

- 물리모순 1: '석쇠는 있기도 하고 없기도 해야 한다.' 구이기에서 필요한 것은 석쇠 자체가 아니라 석쇠의 기능이다. 흡수한 열이 기름을 태우지 않게 하는 석쇠가 필요하다. 석쇠의 온도가 높지 않게 하면 된다. 다른 물리모순도 있다. 기능분석도에서 보면 숯불에서 실선과 점선의 화살표가 밖으로 나간다.
- 물리모순 2: '숯불은 고기를 굽기 위하여 있어야 하지만 석쇠를 가열하기 때문에 없어야 한다.' 숯불의 열원을 변화시켜 석쇠에 열이 적게 전달되게 하는 해결책이 필요하다. 두 가지 물리모순 중 석쇠에서 도출한 물리모순을 중심으로 네 번째 단계에서 모순을 분석하여 보자.

4단계: 물리모순 분석

물리모순은 분리원리를 적용하여 해결한다. 3SPS에서 설명한 시간분리와 공간분리의 내용과 거의 비슷하다.

- 물리모순 1의 분석

  '석쇠는 고기를 지지하기 위하여 있어야 하고 기름을 붙지 않게 하기 위하여 없어야 한다.'라는 모순을 시간과 공간적으로 분리시켜 분석한다.

- 시간분리: 석쇠가 시간에 따라 있기도 하고 없기도 하게 한다.
- 공간분리: 기름이 숯불에 타는 위치에는 석쇠가 없고 다른 위치에는 있다.

• 물리모순 2의 분석

'숯불은 고기를 굽기 위하여 있어야 하지만 석쇠를 가열하기 때문에 없어야 한다.'라는 모순을 시간과 공간적으로 분리시켜 분석한다.

- 시간분리: 석쇠가 가열되기 전에는 숯불이 있고 석쇠가 가열되면 없다.
- 공간분리: 숯불은 고기에만 열을 가하고 석쇠에는 열이 가해지지 않는다. 숯불의 열원을 다른 것으로 바꾸면 앞의 물리모순을 해결할 수 있다. 모순으로부터 많은 새로운 해결책들을 생각해 낼 수 있다.

• 모순해결책

4SPS는 3SPS의 해결책을 포함하는 새로운 해결책들을 찾을 수 있다. 기능분석도로부터 석쇠는 단지 고기를 지지하는 것을 알 수 있다. 고기(굽기)를 가열하는 기능은 숯불이 수행하고 있다. 석쇠가 고기를 굽는 기능을 가지고 있지 않다면, 처음부터 석쇠는 고기를 굽는 장치의 핵심 기능부품이 아님을 알 수 있다. 만일 다른 부품이 석쇠의 기능을 대신할 수 있다면 석쇠를 제거하여도 고기를 굽을 수 있다. 석쇠의 기능인 고기를 지지하는 역할을 할 수 있게 하는 방법은 무엇일까? 여기서 석쇠라는 특정 부품의 명칭은 제거되고 오직 부품의 기능만을 생각한다. 만일 고기를 공중에 매달면 석쇠는 없어도 된다. 여러 가지 생각을 할 수 있다.

3.4.4 4SPS 표준양식

다음은 3SPS에 기능분석도가 추가된 4SPS 표준양식이다. 4단계로 문제를 분석하고 해결책을 찾아가는 과정이다.

문제 제목: **4SPS용**

문제 내용

➡ 경계영역의 도식화(1단계)

기능분석도(2단계)

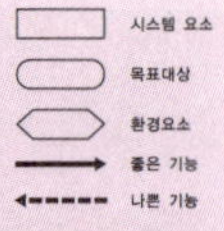

모순분석(3단계)

분리원리	모순분석(모순1)
1. 시간 분리	
2. 공간 분리	

분리원리	모순분석(모순2)
1. 시간 분리	
2. 공간 분리	

기능분석도를 제외하고 표준양식에 맞추어 문제를 각 단계별로 분석하고 그 해결책을 정리해 나가는 과정은 3SPS와 동일하다.

본 단원의 연습문제는 뒤에 나오는 5장 '팀별 기초문제해결 실습'에 있다. 4장에 나오는 '대학생 문제해결 사례'를 공부한 후 팀별로 깊이 있게 문제를 해결하기 위함이다.

3.5 실용트리즈의 비기술문제해결

3.5.1 비기술 3SPS의 개요

기술문제해결에서 트리즈가 잘 알려 지면서 비기술문제해결에 트리즈를 사용하는 사례가 많아지고 있다. 기업의 경영문제, 정부기관의 민원문제 등과 같이 사람이 관계되는 문제를 해결하는 것은 어렵다. 저자는 기술문제를 해결하는 실용트리즈를 기업연구소 등에서 주로 교육 및 컨설팅을 하고 있다. 실용트리즈를 비기술문제해결에 사용한 사례도 많다. 왜냐하면 교육 중 많은 비기술문제들도 해결해야 하기 때문이다. 기업의 생산·품질관리문제, 민원문제, 경영문제 등에 적용된 비기술문제해결 사례가 있다. 트리즈에서 문제해결이란? 문제 속에 들어있는 모순을 해결하는 것이다. 그렇다면 비기술문제에서도 기술문제에서와 같은 물리모순이 있을까? 아주 많다. 기술문제에서보다 오히려 더 많은 모순이 비기술문제 속에 들어있다.

예를 들면 기업에서 사장은 직원들에게 월급을 많이 주어야 한다. 이 경우 기업의 이윤이 떨어지는 문제가 발생한다. 때문에 월급을 적게 주어야 한다. 이 경우 직원들이 일을 열심히 하지 않는 또 다른 문제가 생긴다. 이런 것들이 바로 사람과 관련된 문제에서 발생되는 모순이다. 물리모순을 도출하면 '사장은 월급을 많이 주어야 하고 월급을 많이 주지 않아야 한다.' 이다. 다른 예로 정부는 국가 기반시설을 많이 만들어야 하고 많이 만들지 않아야 한다. 부모는 자식을 학원에 보내기도 해야하고 보내지 않기도 해야 한다. 많은 예들이 있다. 한 가지 물리량을 많이 하면 다른 하나가 적어지는 문제가 생긴다. 여기서 말하는 물리량이라는 개념을 확장하면 사람 관련 문제들도 기술문제와 같은 구체적인 물리모순으로 표현 할 수 있다. 이것이 비기술문제해결 실용트리즈의 핵심이다.

앞의 모순들은 누구나 잘 알고 있다. 하지만 모순을 해결하기는 아주 어렵다. 왜냐하면 모순의 실체가 명확하지 않기 때문이다. 모순이 걸리는 대상이 무엇인지 모순을 일으키는 요소들의 상호관계가 무엇이지 알지 못하기 때문에 문제의 해결책을 찾기 어렵다. 이런 모순들의 관계를 명확하게 한 것이 요소-상호관계기법이다. 앞에서 설명한 경계영역의 도식화와 같은 역할을 한다. 문제 속에 들어 있는 요소들의 상호관계로부터 모순을 도출할 수 있게 하는 것이 요소-상호관계기법이다. 저자는 이 기법을 이용하여 많은 비기술문제를 해결한 경험이 있다. 민원문제, 인사문제, 실적평가 문제와 같은 다양한 분야에 들어 있는 모순을 찾아 문제를 해결하였다. 문제를 요소-상호관계기법으로 나타내면 모순을 쉽게 찾을 수 있다. 모순을 찾은 이후의 과정은 기술문제해결과 동일하다. 즉 비기술문제를 기술문제에서와 같은 단계로 새로운 해결책을 찾을 수 있다는 것이다. 이것은 기존의 트리즈에는 없는 완전히 새로운 접근으로 볼 수 있다. 3SPS에서 경계영역의 도식화를 요소-상호관계로 바꾸면 비기술문제를 기술문제해결과 같은 단계로 모순을 도출하여 새로운 해결책을 찾아낼 수 있다는 의미이다.

저자는 실용트리즈를 과학기술 분야에 만 국한하지 않고 비과학기술 분야에서도 적용이 용이하게 만들었다. 다음 그림은 실용트리즈의 비기술문제해결용 3SPS이다. 그림에서 비기술문제해결은 ① 요소-상호관계(경계영역의 도식화와 같은 의미), ② 모순도출 및 ③ 모순분석으로 3단계로 이루어진다. 다음은 각 방법론에 대한 설명이다. 3SPS는 1단계인 요소-상호관계를 제외하고 기술문제해결용 3SPS와 동일하다.

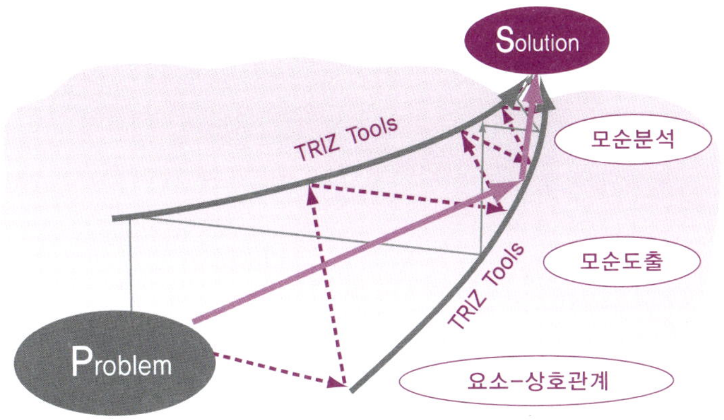

3SPS : 3 Step Problem Solving
1단계 : 요소-상호관계(경계영역의 도식화)
2단계 : 모순도출
3단계 : 모순분석

실용트리즈에서 비기술문제란? 논리적인 분석의 결과 보다는 사람의 주관이 관계될 수 있는 문제라고 정의한다. 문제해결에 사람의 주관이 개입되면 분석하기에 아주 어렵다. 왜냐하면 문제의 상황을 구체적으로 표현할 수 없기 때문이다. 비기술문제의 해결에는 기술문해결에서와 같은 경계영역의 도식화 과정을 적용할 수 없다. 사람의 주관이 관계되는 문제를 도식화 할 수 없기 때문이다. 실용트리즈의 비기술문제해결은 사람의 주관이 관계되는 문제를 도식화 시킬 수 있는 '요소-상호관계'라는 새로운 분석기법을 사용한다.

3.5.2 비기술 3SPS 적용 문제해결

다음은 사람과 사람 사이에서 발생되는 문제이다. 미국의 오바마 대통령이 3년 전 대통령 후보 때의 일이다. 대통령 선거일 10일을 남겨둔 시점에서 오바마 민주당 후보는 갑자기 하와이에 있는 할머니에게 병문안을 가겠다는 발표를 했다. 당시 오바마 후보의 할머니는 큰 병에 걸린 상태였다. 많은 언론들은 오바마 후보의 이런 돌출 행동을 맹비난했다. 대통령 후보로서 사적인 감정을 통제하지 못하는 사람으로 보도했다. 많은 언론들은 오바마 후보와 할머니의 관계에 초점을 맞추어 문제를 분석하고 미래를 예측하는 보도를 했다. 사람과 사람의 관계로 문제를 보았다. 과연 오바마 후보가 하와이에 있는 할머니에게 병문안을 가는 것이 문제인가? 손자가 할머니를 병문안 하는 것은 전혀 문제가 아니다. 너무도 당연한 일이다. 그런데 왜 많은 언론 매체들은 하나 같이 병문안을 문제로 보고 있는가?

이 문제를 트리즈적으로 분석하여 보자. 완전히 다른 형태로 문제를 해석할 수 있다. 오바마 후보는 미국 본토에서 유세 일정을 수행 중이고 할머니는 하와이에 있다. 오바마 손자가 할머니에게 병문안을 가는 것이 문화적으로 문제가 아니라면 무엇이 문제인가? 만일 오바마 후보의 유세장소가 하와이이고 유세 후 할머니에게 병문안을 간다면 이것도 문제일까? 전혀 문제가 아니다. 아마 언론에 보도될 필요성도 없는 정보일 것이다. 문제의 상황을 그림으로 나타내어 트리즈적으로 분석하여 보자.

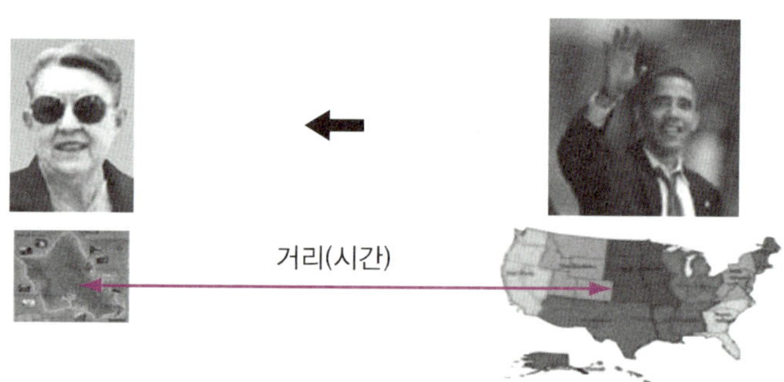

그림을 보면서 문제를 다른 각도로 분석하여 보자. 미국 본토와 하와이 사이의 거리가 아주 멀다. 이 경우 이동하는데 긴 시간이 필요하다. 그림을 보면 누구나 쉽게 알 수 있다. 병문안이 문제가 아니라면 무엇이 실제 문제일까? 거리이다. 먼 거리의 문제이고 긴 시간의 문제이다. 처음부터 이 문제의 실체는 오바마 후보가 할머니에게 병문안을 가면 긴 시간 동안 유세를 못하는 것이 문제의 실체이다. 사람과 사람 사이에서 생긴 문제를 완전히 다른 물리량의 각도로 바라본 것이다. 병문안이 아닌 거리의 문제이면 해결책은 두 사람의 거리를 줄이면 된다. 할머니가 미국 본토로 올 수도 있고 유세 장소를 하와이로 할 수도 있다.

만일 유세를 하지 못하는 것이 문제이면 해결책은 방송이나 동영상을 활용하면 된다. 할머니에게 병문안을 가면서 동시에 오바마 후보의 동영상 연설문을 실제 유세지역에서 방영하는 것이다. 오바마 자신이 할머니에게 갈 수 밖에 없는 이유가 설명된 온라인 유세가 가능하다. 문제를 다르게 재 재정의 하면 여러 가지 혁신적인 새로운 해결책을 찾을 수 있다. 다음은 비기술 3SPS를 적용한 3단계 문제해결 사례이다.

사례 1

이전의 요소-상호관계(3.2.5)에서 풀어 본 3살 어린이가 부모에게 애완견을 사 달라고 하는 문제이다. 부모 입장에서 보면 애완견을 사 주면 집에서 강아지를 돌보아야하는 문제가 있었다. 이 문제를 비기술 3SPS의 단계에 맞추어 분석하고 모순 해결책을 찾아보자.

1단계: 요소-상호관계도

단계별 전체 문제해결과정이 중요하다. 먼저 1단계 요소-상호관계도를 그려야 한다. 문제 속에 들어 있는 모순을 찾는 가장 중요한 단계이다. 문제에서 두 개의 요소와 하나의 상호관계를 찾아야 한다. 문제에서 요소1과 요소2는 엄마와 어린이 이다. 상호관계는 두 요소들 사이의 관계로 엄마와 어린이를 사이에 두고 생기는 갈등이다. 때문에 상호관계는 갈등이 된다. 먼저 두 요소와 상호관계를 결정해야 한다. 요소-상호관계 그림은 다음과 같다. 다음 그림은 각 요소의 성분들을 넣은 요소-상호관계도이다. 세부내용은 앞에서 설명하였기 때문에 생략한다.

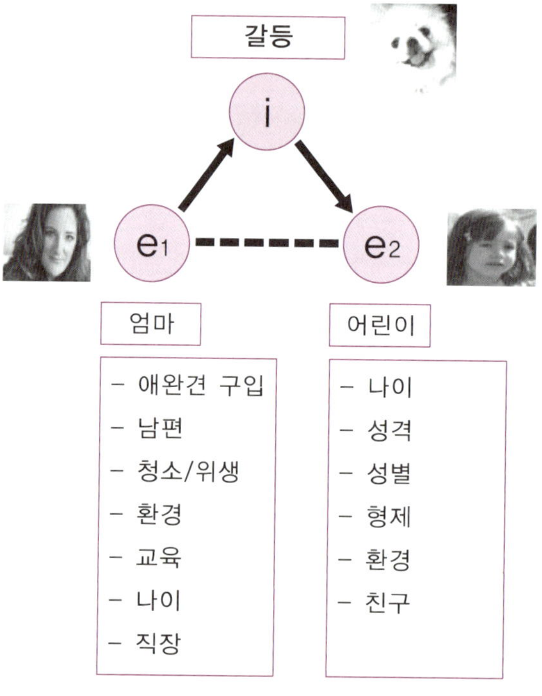

2단계: 모순도출

1단계 요소-상호관계도로부터 물리모순을 2개 도출하는 과정을 설명 한다.

- 물리모순 1: '엄마는 애완견을 사야하고 안사야 한다.'
  엄마의 각 성분 중에서 물리모순을 찾아보자. 여러 가지 모순이 있을 수 있다. 어린이가 아주 강하게 요구하는 경우 엄마는 애완견을 구입해야만 한다.
- 물리모순 2: '엄마는 직장에 출근해야 하고 안해야 한다.'
  엄마가 직장에 출근하면 애완견을 돌볼 수 없다. 명백한 모순이다. 또 다른 모순도 있을까? 없다. 엄마의 나이나 환경 등에 모순을 걸 수는 없다. 엄마에 속하는 많은 다른 성분들이 있을 수 있다. 엄마의 초등학교 시절 친구의 이름도 있고 엄마의 화장품도 있다. 이런 것들은 애완견 관련 갈등과 아무런 상관이 없다. 때문에 엄마의 요소에 대한 성분이 되지 못한다. 엄마에 속하는 많은 성분들이 있지만 실제로 갈등과 직접적으로 관련이 있는 성분은 아주 제한적이고 이중 일부에 모순이 걸리게 된다. 일단 모순이 도출되면 다음 과정은 기술문제해결과 동일한 단계로 해결책을 찾으면 된다.

3단계: 모순분석

물리모순은 분리원리를 적용하여 해결한다. 3장에서 설명한 분리의 원리는 4가지로 구성되어 있다. 시간분리, 공간분리를 적용하여 물리모순을 분석하면 다음과 같다.

• 물리모순 1의 분석

'엄마는 애완견을 사야하고 사지 안사야 한다.'라는 모순을 시간과 공간적으로 분리시켜 분석한다.

- 시간분리: 어린이가 필요한 시간은 사고 다른 시간은 사지 않는다.
- 공간분리: 구입한 애완견은 집에 없고 다른 곳에 있다. 애완견을 사는 것은 집에 개가 있다는 의미이다. 때문에 집에 애완견이 있기도 하고 없기도 하게 하면 같은 의미이다. 개가 있을 수 있는 공간을 어린이의 집과 다른 외부까지 확장한 개념이다.

• 물리모순 2의 분석

'엄마는 직장에 출근해야 하고 안해야 한다.'라는 모순을 시간과 공간적으로 분리시켜 분석한다.

- 시간분리: 집에 애완견이 있는 휴일에는 엄마가 출근 않고 애완견이 없는 주일에는 출근한다.
- 공간분리: 어린이를 돌 볼 수 있는 가까운 위치로 출근한다.

• 모순해결책

앞의 두 가지 모순분석의 결과에서 모순을 극복하는 해결책을 찾아보자. 물리모순 1의 시간분리 및 공간분리로부터 다음과 같은 생각을 할 수 있다. 시간제로 애완견을 임대하면 된다. 특정 시간 단위로 애완견을 빌려주는 사업이다. 특정 애완견을 하루 중 몇 시간 동안 임대 한 후 돌려받는 형태의 사업이다. 이 같은 사업은 강아지 카페라는 이름으로 현재 아주 성업 중이다. 비슷한 사업으로 강아지 전용 호텔, 목욕탕 등이 있다.

사례 2

기업의 원가절감 실적을 객관적으로 평가하지 못하는 문제가 있다. 넓은 전문영역에서 절감한 많은 원가절감 실적을 특정 부서에서 평가하기에 많은 어려움이 있다. 이 문제를 비기술 문제용 3SPS의 단계에 맞추어 분석하고 모순 해결책을 찾아보자.

이 회사는 최근 경제상황의 악화로 많은 전문인력이 퇴사한 상태이다. 때문에 전문성 있는 기술자들을 평가팀에 보낼 수 없는 상황이다. 하지만 원가절감 실적에 대한 포상은 새 해 첫 출근 시무식장에서 사장이 전 사원들과 약속한 중대 사안이다.

1단계: 요소-상호관계도

문제에서 두 개의 요소와 하나의 상호관계를 찾아야 한다. 문제에서 요소1과 요소2는 평가팀과 현업부서이다. 상호관계는 두 요소들 사이의 관계로 평가팀과 현업부서를 사이에 두고 생기는 평가이다. 때문에 상호관계는 실적검증이 된다. 먼저 두 요소와 상호관계를 결정해야 한다. 요소-상호관계 그림은 다음과 같다.

요소1에서 요소2로 화살표가 나가는 형태이다. 왜냐하면 요소1의 평가팀이 문제를 해결하는 주체적인 역할을 하기 때문이다. 요소1(평가팀)에서 모순이 도출된다.

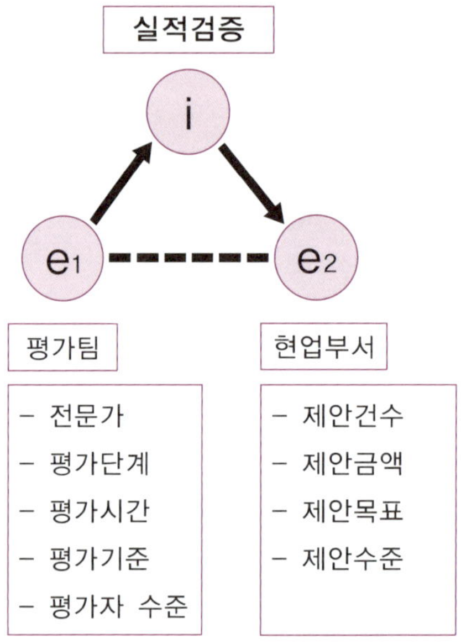

2단계: 모순도출

1단계 요소-상호관계도로부터 물리모순을 2개 도출하는 과정을 설명한다.

- 물리모순 1: '실적 평가를 위한 전문가팀은 있어야 하고 없어야 한다.'회사의 현재 상황으로 도저히 전문 평가팀을 구성할 수 없다. 이 경우 다양한 전문분야의 실적을 개관적으로 평가할 수 없다.
- 물리모순 2: '객관적인 평가를 위하여 평가단계는 세밀해야 하고 세밀하지 않아야 한다.' 평가단계가 세밀한 경우 많은 시간과 인원이 필요하기 때문이다.

  또 다른 모순도 있을까? 평가팀에 속하는 많은 다른 성분들이 있을 수 있다. 평가팀장의 성격, 친구관계 등도 있다. 이런 것들은 일반적으로 평가팀 구성과 큰 상관이 없다. 때문에 평가팀의 성분이 되지 못한다. 평가에 속하는 많은 성분들이 있지만 실제로 실적검증과 직접적으로 관련이 있는 성분은 아주 제한적이고 이중 일부에 모순이 걸리게 된다. 일단 모순이 도출되면 다음 과정은 기술문제해결과 동일한 단계로 해결책을 찾으면 된다.

3단계: 모순분석

물리모순은 분리원리를 적용하여 해결한다. 3장에서 설명한 분리의 원리 중 시간분리와 공간뷰리를 적용하여 물리모순을 분석하면 다음과 같다.

- 물리모순 1의 분석

'실적 평가를 위한 전문가팀은 있어야 하고 없어야 한다.'라는 모순을 시간과 공간적으로 분리시켜 분석한다.

- 시간분리: 평가팀이 필요한 시간은 팀을 구성하고 다른 시간은 구성하지 않는다.
- 공간분리: 실적이 많은 팀은 평가팀을 별도로 구성하고 다른 팀은 중앙에서 평가한다. 다른 지역 사업장의 전문성이 있는 평가는 온라인 회의를 활용 한다 등 많은 해결책을 생각할 수 있다.

- 물리모순 2의 분석

'객관적인 평가를 위하여 평가단계는 세밀해야 하고 세밀하지 않아야 한다.'라는 모순을 시간과 공간적으로 분리시켜 분석한다.

- 시간분리: 업무가 너무 바쁜 경우 자체적인 평가를 1차적으로 거친다. 휴일 등을 활용할 수 있는 평가를 위한 임시 특별팀을 사장이 구성하여 운영한다.

- 공간분리: 관련 사업부서에서 세밀한 자체 평가를 이루어지게 하고 전체적인 평가는 전문 평가팀이 한다.

• 모순해결책

앞의 두 가지 모순분석의 결과에서 모순을 극복하는 해결책을 찾아보자. 물리모순 1의 시간분리 및 공간분리로부터 다음과 같은 생각을 할 수 있다. 시간제로 평가팀을 운영한다. 사장이 임명한 특별 평가팀은 주로 퇴근 후 시간이나, 공휴일등을 이용하여 평가를 한다. 많은 구체적인 해결책을 생각해 낼 수 있다. 세부 내용은 생략한다. 본 해결책은 기업에 실제로 적용되었다.

본 단원의 연습문제는 뒤에 나오는 5장 '팀별 기초문제해결 실습'에 있다. 4장에 나오는 '대학생 문제해결 사례'를 공부한 후 팀별로 깊이 있게 문제를 해결하기 위함이다.

3.5.3 비기술 3SPS 표준양식

다음은 비기술 3SPS의 표준양식이다. 3단계로 비기술문제를 분석하고 해결책을 찾아가는 과정이다. 요소-상호관계 과정을 통하여 찾은 모순은 기술 3SPS와 동일하다.

문제 제목: **비기술 3SPS용**

문제 내용

모순도출(2단계)

요소-상호관계(1단계)

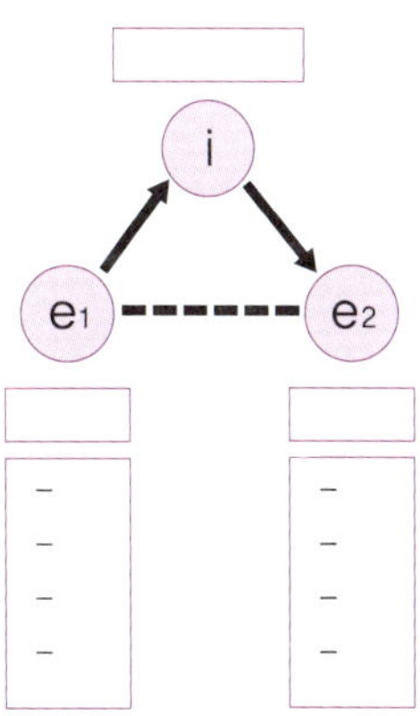

모순분석(3단계)

분리원리	모순분석(모순1)
1. 시간 분리	
2. 공간 분리	
3. 조건 분리	

분리원리	모순분석(모순2)
1. 시간 분리	
2. 공간 분리	
3. 조건 분리	

제 4 장

문제해결 사례

과정목표 학생들의 팀별 문제해결 사례의 수준과 다양한 문제해결의 단계를 종합적으로 이해한다.

기대효과 자신도 임의의 문제를 트리즈로 해결할 수 있다는 자신 감을 학생들이 가지게 된다.

다음은 실용트리즈 적용 문제해결 사례이다. 실용트리즈의 각 단계에 맞추어 학생들이 자신의 문제를 도출하고 스스로 해결한 문제해결 사례들의 일부이다. 학생들이 스스로 문제를 인식하는 것이 중요하다. 문제를 인식하지 못하면 해결해야 할 대상도 없다. 실용트리즈를 공부해야 할 이유도 없다. 문제를 가진 사람은 문제를 해결하기 위한 많은 생각을 하게 된다. 트리즈는 문제를 풀어가는 생각의 틀을 제공하는 도구이다. 문제를 실제로 해결하는 것은 각자의 몫이다. 내 주위의 문제를 실용트리즈의 단계에 맞추어 해결해 보는 것이 가장 좋은 문제해결의 실습이다. 주변에 우리들이 평소 인식하지 못한 많은 문제가 있다. 실용트리즈는 이들 문제를 찾아내는 과정에서부터 출발한다. 트리즈의 해결책은 모순을 극복하는 모순해결책이다. 우리들이 일반적으로 찾는 해결책과 다를 수 있다. 저자의 경험에 의하면 모순해결책이 실제 우리들에게 필요한 해결책이 될 가능성은 60% 이상이었다. 일반적으로 각 문제에 대한 트리즈의 모순해결책은 평균 2개 이상이다.

이 장의 사례들은 대학 및 대학원에서 학생들이 풀어본 문제해결 과정에 대한 것이다. 트리즈에서 가장 중요한 것은 트리즈의 지식이 아니다. 많은 지식보다는 트리즈를 적용한 문제해결 실습이 더 중요하다. 실용트리즈는 자신의 문제해결에 실제로 사용할 수 있는 트리즈이다. 다음 단계별 적용 사례들은 실용트리즈 실습에 좋은 참고가 될 것으로 보여 진다.

기술 관련 문제는 3SPS와 4SPS로 해결한 사례들이다. 비기술 관련 문제는 비기술 3SPS로 문제를 해결한 사례들이다. 일부 내용은 문제해결 과정이 미흡한 부분도 있다. 저자에 의한 인위적인 수정은 최대한 배제한 실제 학생들의 문제해결 과정이다.

4.1 3SPS 적용 기술문제해결

우리들 생활 주변에서 자주 접하는 일상적인 문제이다. 많은 전문 적인 기술지식이 필요하지 않다. 문제의 대부분은 상식적으로 이해할 수 있는 생활 문제들이다. 다음은 실용트리즈 중간고사에 해당하는 문제들이다. 실용트리즈를 수강하는 모든 학생들이 스스로 문제를 찾아내어 단계별로 문제를 해결해 나가는 과정이다. 처음 한 개 사례는 3단계로 문제를 해결하는 과정을 상세하게 설명한다. 나머지 문제들은 학생들의 중간고사 결과를 정리한 것으로 문제를 도출하고 해결책을 찾아가는 실제 사례들이다.

4.1.0 앰플의 깨진 조각이 병 속으로 들어가는 문제

병・의원이나 약국에서 흔히 사용되는 앰플 주사제의 유리 파편이 인체에 혼입될 우려가 있어 그에 대한 대책 마련이 시급하다는 지적이 제기됐다. '유리앰플 주사제 파편 인체유입에 따른 안전성 제고 방안 토론회'에서 앰플주사제 제품의 81~99%가 유리파편이 주사액 속으로 혼입되며 이는 인체에 축적돼 위험을 초래할 수 있다는 주장이 집중적으로 제기됐다. 앰플주사제란 별도의 뚜껑이나 개폐 장치 없이 용기일체형으로 된 주사약품을 말한다. 환자에게 투여할 때 입구를 부러뜨려 개봉하는데 이때 유리파편이 생긴다. 주사제에 혼입된 유리파편은 환자의 장기나 혈관에 축적돼 혈액순환을 방해할 수 있는 것으로 알려져 있다(신문보도).

이 문제를 해결하는 과정을 설명한다. 문제를 재정의(경계영역의 도식화)하고 모순을 찾아서 혁신적으로 해결하였다.

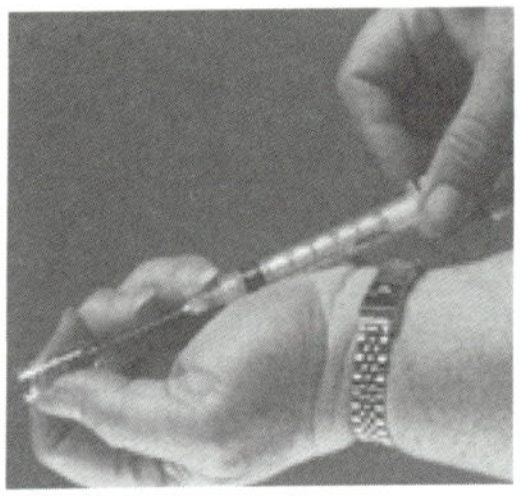

앰플에서 약을 주사기로 뽑는 사진
앰플 속으로 들어간 유리조각들이 주사기로 들어간다.

1단계: 경계영역의 도식화

앰플 속에 들어 있는 약을 사용하기 위하여 반드시 앰플의 상부를 제거해야 한다. 이 경우 깨진 면에서 작은 유리조각이 생겨 병속으로 들어가는 문제이다. 무엇이 문제인가? 깨진 유리조각이 병 속으로 들어가는 것이 문제인가? 아니면 유리조각이 생기는 것이 문제인가? 유리조각이 생기지 않으면 약 속으로 조각이 들어가는 문제는 없다. 트리즈의 문제해결에 가장 중요한 것이 문제의 재정의 이다. 문제를 재정의 하면 문제를 여러 가지로 바라볼 수 있다. 다음은 문제를 일으키는 영역을 나타내기 위한 경계영역의 도식화이다.

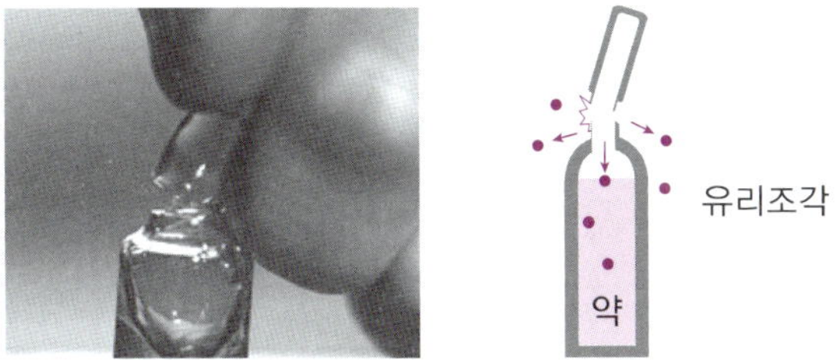

앰플 속으로 들어가는 유리조각
앰플의 상부를 깨는 과정에서 많은 유리조각들이 생긴다.
조각의 일부는 앰플 속으로 들어간다.

그림을 통하여 보이지 않는 직접적인 원인을 여러가지 찾을 수 있다. 문제를 일으키는 원인을 찾는 것은 문제해결에 가장 중요한 단계이다. 만일 문제를 일으키는 원인을 모른다면 해결책의 방향은 찾을 수 없다. 그림을 통하여 모순을 찾을 수 있다.

2단계: 모순도출

1단계 경계영역 도식화에서 물리모순을 도출한다. 앞의 그림에서 유리조각이 앰플 속으로 들어가는 것은 앰플의 깨지는 위치와 앰플의 소재와 관련이 있음을 알 수 있다. 경계영역의 도식화로부터 아래와 같은 2개의 모순을 도출하였다.

- 물리모순 1: 앰플을 깨야 하고 깨지 않아야 한다. 앰플을 깨지 않으면 약을 사용할 수 없다. 때문에 특정 부분을 깨는 것은 명확한 물리모순이다.
- 물리모순 2: 앰플의 소재는 유리를 사용해야 하고 유리를 사용하지 않아야 한다. 유리 소재를 사용하면 약의 안정성 면에서 좋다 하지만 이 경우 유리조각이 발생하는 문제를 일으킨다. 때문에 소재에 대한 명확한 모순이 된다.

3단계: 모순분석

2단계의 2가지 물리모순을 분리원리를 적용하여 해결하는 단계이다. 시간분리와 공간분리 만을 적용하여 물리모순을 분석한다.

- 물리모순 1의 분석

  앰플을 깨야 하고 깨지 않아야 한다. 라는 모순을 시간과 공간으로 분리하여 생각한다. 시간분리는 약을 빼내는 시간은 앰플을 깨고 나머지 시간은 깨지 않는 의미이다. 깨지 않고 약을 뺄 수 있는 어떤 것을 생각해야 한다. 반면 공간분리는 앰플의 어떤 특정 부분은 깨고 다른 부분은 깨지 않는 것을 의미 한다. 이 물리모순을 통하여 앰플의 깨지는 위치에 문제가 있음을 알 수 있다. 유리의 연결부를 현재 위치에서 깨면 유리조각이 약으로 떨어진다.

- 물리모순 2의 분석

  앰플의 소재는 유리를 사용해야 하고 유리를 사용하지 않아야 한다. 라는 모순을 시간과 공간으로 분리하여 생각한다. 시간분리는 시간에 따라 앰플의 소재를 다른 것으로 만들어야 하는 것을 의미 한다. 현실적으로 거의 불가능하다. 반면 공간분리는 특정 부분은 유리를 사용하고 다른 부분은 유리를 사용하지 않는 것을 의미 한다. 즉 유리 소재 자체의 문제가 아니라 유리 소재를 사용하는 위치의 문제임을 알 수 있다.

모순해결책과 현업 적용 해결책

앞의 두 가지 모순에 대한 시간분리와 공간분리의 결과에서 모순을 극복하는 현업 적용 가능한 새로운 해결책을 각각 찾아보자.

① 물리모순 1의 앰플을 깨야 하고 깨지 않아야 한다. 라는 모순의 해결책을 찾아본다. 시간분리로부터 구체적인 해결책을 생각할 수 없다. 때문에 공간분리를 중심으로 현업 적용 가능한 해결책을 찾아본다.

공간분리로부터 다음과 같은 현업 적용 해결책을 생각할 수 있다. 유리조각이 발생하는 깨지는 위치를 다른 곳으로 옮겨 약으로 들어가지 못하게 하면 된다. 앰플의 구조를 아래와 같이 바꾸면 된다.

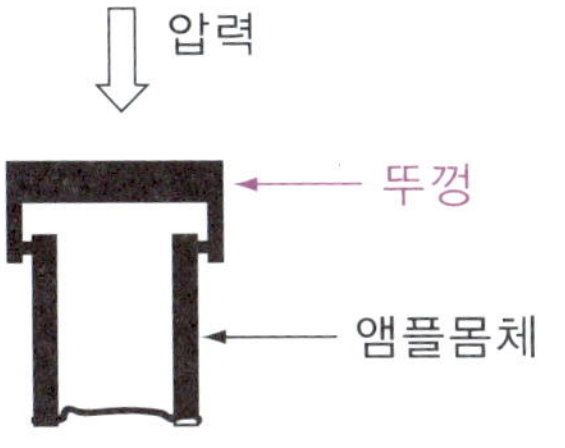

물리모순 해결책
뚜껑을 아래로 누르면 연결부분이 쉽게 깨진다.
깨진 유리조각은 병 바깥으로 떨어진다.

유리가 깨지는 위치가 앰플의 바깥에 위치하고 있다. 깨진 모든 유리조각은 약으로 들어 갈 수 없다. 이 해결책은 앰플을 쉽게 깰 수 있다. 기존의 앰플은 상부를 깨기가 아주 어렵고 손에 상처가 나는 경우가 많았다. 때문에 어른들도 별도의 안전장치를 가지고 앰플을 깨야 했다. 하지만 이번 해결책은 어린이도 쉽게 깰 수 있다. 단지 위에서 약간의 충격을 주면 된다. 손을 다칠 가능성은 거의 없다. 유리조각이 약에 들어가는 문제와 깨기 어려운 문제를 완벽하게 해결한 혁신적인 결과이다. 이 같은 해결책은 경계영역 도식화로부터 쉽게 찾아낸 결과이다. 단지 문제를 정확하게 재정의 하는 것으로부터 고질적인 문제들을 트리즈의 지식이 별로 없는 사람들도 혁신적인 해결책을 찾아내었다. 본 해결책은 특허로 등록되었다.

② 물리모순 2의 앰플의 소재는 유리를 사용해야 하고 유리를 사용하지 않아야 한다. 시간분리는 구체적인 해결책을 생각할 수 없다. 때문에

공간분리를 중심으로 현업 적용 가능한 해결책을 찾아본다. 앰플의 유리 소재의 위치의 문제이다. 약과 접촉하는 모든 부분은 유리를 사용하고 상부의 깨지는 부분은 유리가 아닌 조각이 발생하지 않는 다른 소재를 사용한다. 다음은 유리를 사용하기도 하고 사용 않기도 하는 문제를 공간적으로 해결한 것이다. 기존 앰플의 형상을 그대로 유지하면서 소재를 바꾸어 해결한 것이다. 깨지는 부분의 소재를 유리가 아닌 것으로 한다. 조각이 발생하지 않는 다른 소재에 깨지는 부분을 제외한 다른 내부 표면에 유리코팅을 한다. 다음 그림은 깨지는 부분은 유리가 없는 새로운 해결책의 구조이다.

유리조각이 발생하지 않는 해결책
깨지는 부분이 유리가 아닌 다른 소재를 사용한다.

약은 유리와 접촉하기 때문에 유리앰플과 같은 조건이다. 하지만 깨지는 부분은 유리 코팅을 하지 않는다. 유리조각이 생기지 않는다. 완벽한 해결책이다. 현재 기술의 입장에서 보면 현업 적용은 공정상으로 어려울 수 있다. 하지만 물리모순 해결책으로 좋다. 트리즈는 문제를 해결하는 개념 아이디어를 준다. 적용은 전적으로 기존의 지식과 경험을 바탕으로 하여 현업의 상황을 고려하여 결정한다. 적용은 트리즈의 영역이 아니다.

4.1.1 일회용 종이컵(봉투형)이 잘 열리지 않는 문제

정수기의 1회용 종이컵은 여러 장이 겹쳐져 있기 때문에 물을 담는 쪽의 종이컵 양쪽면의 종이가 서로 달라붙어 있는 경우가 있다. 종이컵에 물을 담기 위하여 붙어 있는 종이를 벌려야 하는데 떨어지지 않는 문제가 있다. 다음은 3SPS 표준양식에 맞추어 문제를 단계별로 해결해나가는 과정에 대한 설명이다.

먼저 표준양식의 문제내용은 문제해결을 위한 진제 상황을 그림의 형태로 나타낸 것이다. 정수기용 종이컵의 종류와 구조를 알 수 있다. 문제의 상황은 가능하면 그림의 형태로 나타내어야 한다. 문자로 문제의 의미를 설명하면 정확한 이해가 어렵기 때문에 최대한 그림의 형태로 설명해야 한다.

경계영역의 도식화는 문제해결에서 가장 중요하다. 이 과정을 정확하게 그림의 형태로 나태내지 못하면 다음 단계의 모순을 도출할 수 없다. 문제를 일으키는 경계가 어디인지를 정확하게 분석하여 그림으로 나타내어야 한다.

1단계 경계영역의 도식화는 붙어 있는 두 겹의 종이가 떨어지지 않는 것을 보여준다. 실제로 문제를 일으키는 핵심 영역의 경계를 그림으로 나타내는 과정이다. 두 겹의 종이 사이의 틈이 작기 때문에 손가락으로 분리시키기 어려운 상황을 잘 설명하고 있다.

2단계 모순도출은 1단계에서 문제를 일으키는 경계영역으로부터 모순을 찾아내는 과정이다. 물리모순 두 개가 있다.

3단계 모순분석은 2단계에서 찾아낸 모순을 시간과 공간적으로 각각 분리하여 분석하는 단계이다.

해결책과 평가는 3단계로 분석하여 찾은 해결책이 실제로 모순을 극복하였는가를 평가한다.

다음은 단계별 문제해결 과정에 대한 대학생의 사례이다.

제목: 1회용 종이컵이 잘 열리지 않는 문제

문제 내용

1. 경계영역의 도식화(1단계)

전체 도식화 ➡ 경계영역 도식화

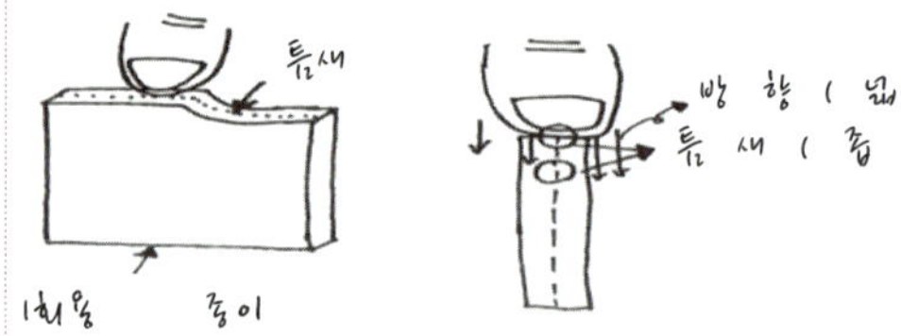

2. 모순도출(2단계)

1. 틈새가 크기도 하고 작기도 해야 한다.

3. 모순분석(3단계)

모순종류	모순분석
1. 시간 분리	틈새가 손으로 열 때에는 커야 하고 보관 중에는 작아야 한다.
2. 공간 분리	틈새가 큰 부분과 작은 부분이 따로 있다.

2. 종이의 끝 두 면은 같아야 하고 달라야 한다.

모순종류	모순분석
1. 시간 분리	종이를 열 때는 면이 다르고 보관 중에는 같아야 한다.
2. 공간 분리	종이의 끝 면이 위치에 따라 다르다.

※ 해결책과 평가

1. 컵의 입구(휘어진 뒷부분)한쪽 부분 중 옆 부분을 튀워서 마시지 않을 때는 틈새가 없고 손으로 열 때에는 입구 전체가 틈새가 된다.
2. 두 겹 종이의 한 쪽 면을 돌출되게 한다.

4.1.2 칼을 사용할 때 물건을 지지하는 손을 베이는 문제

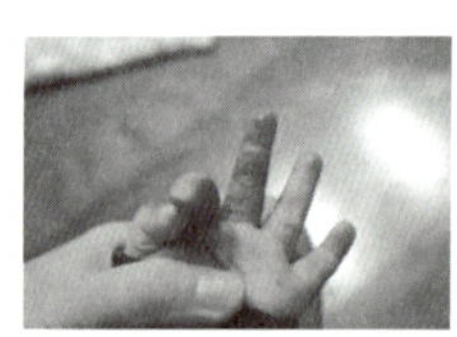

칼로 음식물을 자를 때 물건을 지지하는 손가락을 다치는 문제가 발생한다. 3SPS 표준양식에 맞추어 문제를 단계별로 해결해나가는 과정에 대한 설명이다.

제목: 칼을 사용할 때 물건을 지지하는 손을 베는 문제

문제 내용

칼로 야채나 어떠한 물건을 자를 시에 손으로 물건을 잡고 자르게 되는데 이때 쉽게 손을 베이게 되는 문제가 발생한다.

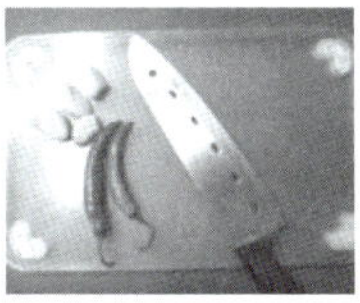

➡

1. 경계영역의 도식화(1단계)

전체 도식화

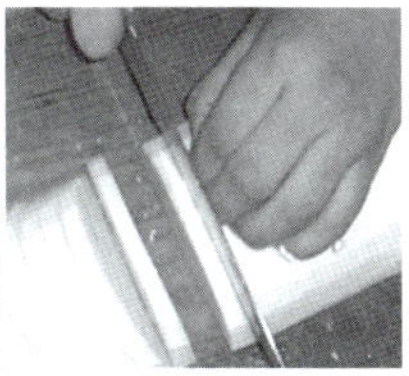

➡

경계영역 도식화

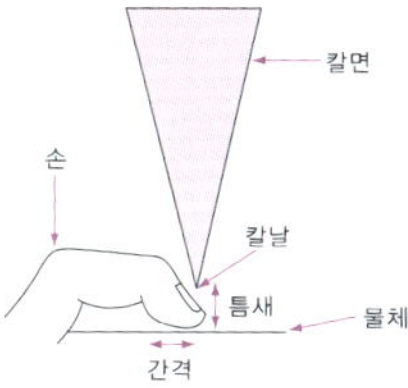

2. 모순도출(2단계)

1. 물건을 잡는 손이 칼과 멀어야 하고 가까워야 한다.

➡

3. 모순분석(3단계)

모순종류	모순분석
1. 시간 분리	물체를 자를 때는 손이 칼날과 (간격)멀어야 하고 자르기 전에는 가까워야 한다.
2. 공간 분리	손이 닿는 부분은 칼 면(칼 면 이외의 어떤 것에 의해)이 두껍고 손이 닿지 않는 부분은 얇아야 한다.

2. 물체와 칼이 닿는 부분의 틈새가 있어야 하고 없어야 한다.

➡

모순종류	모순분석
1. 시간 분리	손이 있을 때는 틈새가 없고 손이 없을 때는 틈새가 있어야 한다.
2. 공간 분리	칼날부분은 틈새가 있고 칼 면(칼 면 이외의 어떤 것에 의해)부분은 틈새가 없어야 한다.

※ 해결책과 평가

이번 트리즈적 생각으로 문제를 해결하는 과정에서 평소 자취를 하면서 음식을 해먹을 때 각종 채소를 자르는 과정에서 손을 베이는 문제를 해결하면서 여러 가지 모순을 도출하고 모순을 분석해보니 칼 면에서부터 칼날을 보호해주는 덮개를 하나 만들면 어떨까하는 생각을 하게 되었다. 칼을 사용 전에는 칼날이 덮개에 둘러싸여 보이지 않지만 칼이 물건을 자르는 그 순간에는 덮개에서 빠져 나와 물건을 자르고, 자르고 난 뒤 칼을 들 때에 스프링이나 어떤 장치가 있어 다시 덮개 안으로 들어가는 칼을 생각해보았다.

4.1.3 굽이 높은 하이힐을 신으면 발이 아픈 문제

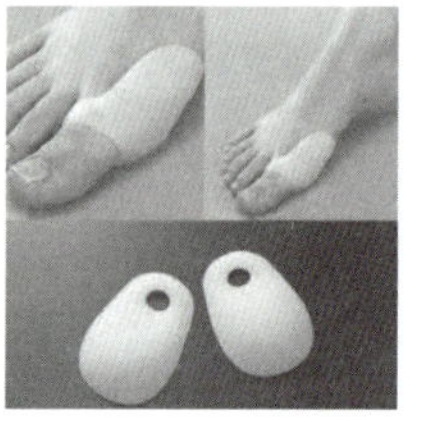

굽이 높은 하이힐을 신을 경우 발가락에 물집이 생기는 문제가 있다. 3SPS 표준양식에 맞추어 문제를 단계별로 해결해 나가는 과정에 대한 설명이다.

제목: 굽이 높은 하이힐을 신으면 발이 아픈 문제

문제 내용

➡

1. 경계영역의 도식화(1단계)

전체 도식화

➡

경계영역 도식화

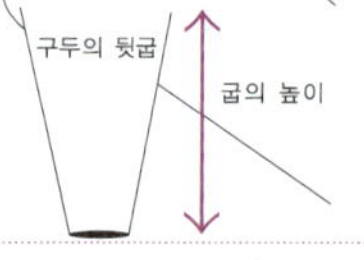

2. 모순도출(2단계)

1. 힐의 뒷굽이 높기도 해야 하고 낮기도 해야 한다.

➡

3. 모순분석(3단계)

모순종류	모순분석
1. 시간 분리	걸어다닐 때나 필요 시엔 뒷굽이 높아야하고 뛰거나 발이 아플 때는 뒷굽이 낮아야 한다.
2. 공간 분리	뒷굽이 높은 부분과 낮은 부분이 있다.

2. 힐의 앞과 뒤의 높이 차가 있기도 해야 하고 없기도 해야 한다.

➡

모순종류	모순분석
1. 시간 분리	평소 신을 때는 높이 차가 생겨 키가 커 보여야 하고 힘들 때는 높이 차가 생기지 않아 발이 편해야 한다.
2. 공간 분리	힐의 앞은 높이고 뒤 부분은 그대로 둔다.

※ 해결책과 평가

첫번째 모순 팩터에서 찾은 해결방안은 뒷굽이 필요할 땐 있고 필요없을 땐 없어야 하므로 굽을 내 마음대로 떼었다 붙였다를 필요에 따라 할 수 있도록 만드는 것이다.
두 번째 모순 팩터에서 찾은 해결방안은 앞 굽과 높이 차는 없어야 발이 편하지만 키는 커 보여야 하므로 굽을 통굽으로 만드는 것이다.
즉, 앞에도 굽을 넣어서 키는 커 보이지만 앞 굽과의 높이 차가 없으므로 발은 평지에서와 같이 편하게 되므로 정말 높이 차가 있고(여기서의 높이 차는 땅과의 높이 차) 정말 높이 차가 없게 되는 상품이 되는 것이다. 발이 아픈 문제 측면의 해결책임.

4.1.4 버스 부저에 손가락이 닿지 않는 문제

버스에서 하차 시 부저를 누르기 어려운 문제가 있다. 3SPS 표준 양식에 맞추어 문제를 단계별로 해결해 나가는 과정에 대한 설명이다.

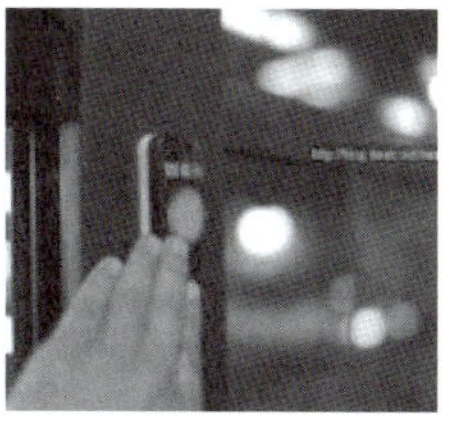

제목: 버스 부저에 손가락이 닿지 않는 문제

문제 내용

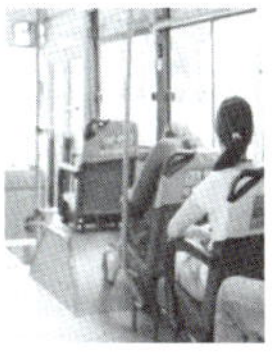

버스 창문과 창문 사이에 있는 승객이 자동차 부저를 누르기 어려운 문제

1. 경계영역의 도식화(1단계)

전체 도식화

경계영역 도식화

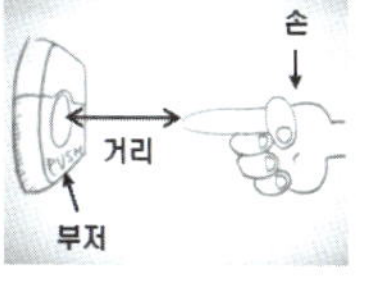

2. 모순도출(2단계)

1. 버스 부저는 많아야 하고 적어야 한다.

3. 모순분석(3단계)

모순종류	모순분석
1. 시간 분리	부저를 누를 때 부저가 많고 다른 때는 적다.
2. 공간 분리	승객이 내리는 위치에는 많이 있고 다른 위치에는 적게 있다.

2. 버스 부저의 면적은 커야 하고 작아야 한다.

모순종류	모순분석
1. 시간 분리	부저를 누를 때 면적이 커야 하고 누르지 않을 때는 작아야 한다.
2. 공간 분리	부저의 면적은 손이 닿는 위치로 크고 다른 곳은 작다.

※ 해결책과 평가

1. 부저를 줄로 만들어서 어디서든 잡아당기면 하차 신호를 보낼 수 있게 한다.
2. 버스 창측 벽면을 터치패드 방식으로 만들어 어디서든 눌러도 하차 신호를 보낼 수 있게 한다.

4.1.5 다리미를 사용하다가 옷을 태우는 문제

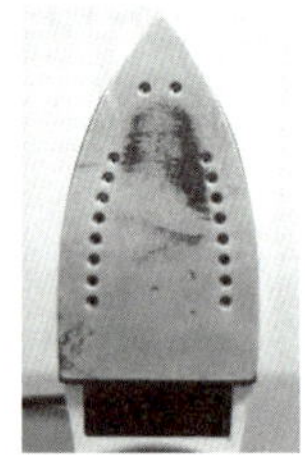

다리미가 옷에 긴 시간 접촉하면 화제가 생기는 문제가 있다. 3SPS 표준양식에 맞추어 문제를 단계별로 해결해 나가는 과정에 대한 설명이다.

제목: 다리미를 사용하다가 옷을 태우는 문제

문제 내용

- 다리미를 사용하다가 장시간 동안 다리미를 옷에 닿게 방치하여 태우는 문제가 발생한다.
- 그림의 형태로 문제를 설명(쉽게 이해할 수 있게) 전원을 켜놓은 채 장시간 방치

1. 경계영역의 도식화(1단계)

전체 도식화	경계영역 도식화
전화받은 지 10분 경과(다리미질을 하지 않는 상태)	

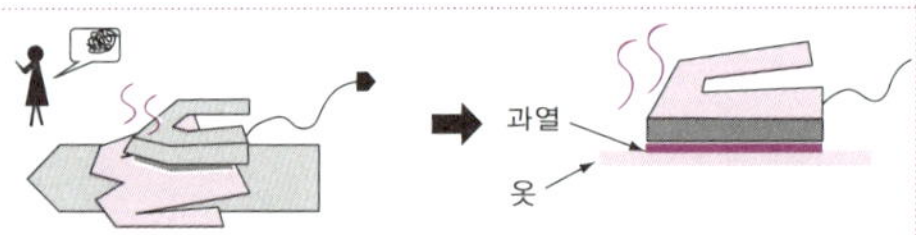

2. 모순도출(2단계)

1. 전기가 들어오기도 해야 하고 들어오지 않기도 해야 한다.

3. 모순분석(3단계)

모순종류	모순분석
1. 시간 분리	다리미질을 할 때에는 전기가 들어와야 하고 그렇지 않을 때는 전기가 들어오지 않아야 한다.
2. 공간 분리	다리미의 밑판은 전기가 들어오기도 해야 하고 들어오지 않기도 해야 한다.

2. 다리미 밑판이 옷과 닿기도 해야 하고 닿지 않기도 해야 한다.

모순종류	모순분석
1. 시간 분리	다리미질을 할 때에는 밑판이 옷과 닿아야 하고 다리미질을 하지 않을 때에는 밑판이 옷과 닿지 않아야 한다.
2. 공간 분리	다리미 밑판과 옷 사이의 간격(공간)

※ 해결책과 평가

1. 현재 사용되는 다리미는 플러그를 꽂기만 하면 밑판에 가열이 시작된다. 전기가 들어오기도 하고 들어오지 않기도 할 수 있도록 다리미 본체에 온/오프 스위치가 필요하다. 혹은 다리미 본체와 밑판의 스위칭 장치가 있어서 사용자가 스스로 밑판의 전기를 차단함으로써 과열을 방지할 수 있어야 한다.
2. 현재의 다리미는 다리미를 세움으로써 태우는 것을 방지하고 있지만 밑판과 옷 사이에 공간이 생기도록 만들 수 있는 다른 방법을 생각해 보자면 다리미질을 하지 않을 때 거미의 다리와 같이 지지대 역할을 할 수 있는 것을 본체에서 내릴 수 있게 만들어 공간을 만들도록 한다.

4.1.6 삼겹살을 구울 때 기름이 프라이팬 밖으로 튀어 나가는 문제

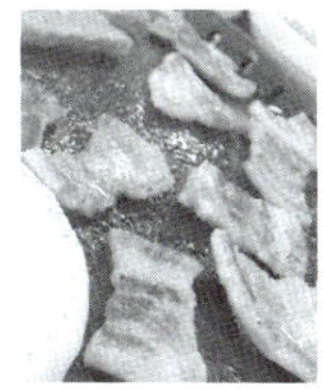

삼겹살을 구울 때 많은 고기기름이 밖으로 튀어 나가는 문제가 있다. 3SPS 표준양식에 맞추어 문제를 단계별로 해결해 나가는 과정에 대한 설명이다.

제목: 삼겹살을 구울 때 기름이 프라이팬 밖으로 튀어 나가는 문제

문제 내용

고기를 구울 때 프라이팬 밖으로 기름이 튀어 나가는 문제

→

1. 경계영역의 도식화(1단계)

2. 모순도출(2단계)

1. 고기를 구울 때 고기에서 나오는 기름이 프라이팬 위에 있어야 하지만 있으면 안 된다.

→

3. 모순분석(3단계)

모순종류	모순분석
1. 시간 분리	고기를 구울 때는 기름이 프라이팬 위에 있어야 하지만, 기름이 튈 때는 프라이팬 위에 기름이 있으면 안 된다.
2. 공간 분리	기름은 가스레인지로 흘러나가지 않도록 프라이팬 위에 있으면서도 튀어 나가지는 않아야 한다.

2. 프라이팬의 옆면의 높이가 낮아야 하지만 낮으면 안 된다.

→

모순종류	모순분석
1. 시간 분리	젓가락으로 고기를 뒤집을 때는 프라이팬 옆면의 높이가 낮아야 하지만, 기름이 튀어 나갈 때에는 높아야 한다.
2. 공간 분리	프라이팬의 옆면은 기름이 튀는 것은 막아야 하지만 젓가락의 이동을 막아서는 안 된다.

※ 해결책과 평가

1. 프라이팬을 2중구조로 만들어서 위쪽은 그물망처럼 열은 전달되고 기름은 아래로 빠져 나갈 수 있도록 만들고 아래쪽은 기름종이를 깔도록 만들어서 기름이 프라이팬 밖으로 튀어나가기 전에 흡수될 수 있도록 만든다(단, 제작비가 기존보다 많이 들어 경제성이 떨어진다).
2. 프라이팬을 서랍구조로 만들어서 프라이팬의 높이는 기름이 튀지 않을 정도로 높게 만들고 고기를 뒤집을 때는 프라이팬을 서랍처럼 빼서 뒤집고 다시 넣을 수 있는 방식으로 만든다(단, 제작비가 많이 들고 고기가 얼마나 구워졌는지 눈으로 바로 확인하기가 힘들다).

4.1.7 배수구에 쓰레기가 투입되어 막히는 문제

배수구에 쓰레기가 막혀 빗물이 빠지지 못하는 문제가 있다. 3SPS 표준양식에 맞추어 문제를 단계별로 해결해 나가는 과정에 대한 설명이다.

제목: 배수구에 쓰레기가 투입되어 막히는 문제

문제 내용

➡

1. 경계영역의 도식화(1단계)

➡

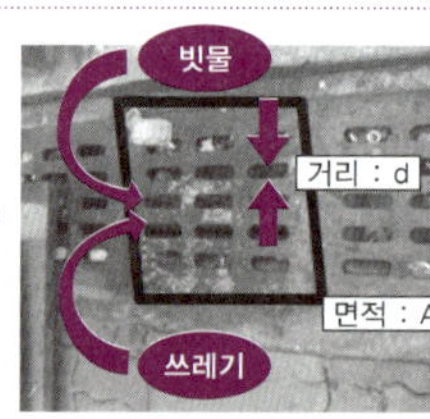

2. 모순도출(2단계)

1. 배수구는 뚫려 있어야 하고 막혀 있어야 한다.

➡

3. 모순분석(3단계)

모순종류	모순분석
1. 시간 분리	평상시는 막혀있고 우천시는 뚫려 있어야 한다.
2. 공간 분리	배수 부분은 뚫려 있어야 하고 나머지는 막혀 있어야 한다.

2. 배수구 뚜껑의 구멍은 좁기도 하고 넓어야 한다.

➡

모순종류	모순분석
1. 시간 분리	평상시는 좁아야하고 우천시는 넓어야 한다.
2. 공간 분리	배수 부분은 넓고 나머지는 좁아야 한다.

※ 해결책과 평가

해결책 – 쓰레기 투입을 막기 위한 배수 구멍의 크기 d는 감소시키고 우천시 배수를 원활히 하기위해 단면적 A는 우측 그림과 같이 구멍이 좁은 오면체 배수구 덮개를 만들어 쓰레기 투입을 방지하고 배수를 원활히 한다.

위에서 바라본 모습

평가 – 폭우 시 침수되는 특정 지역과 일반 도시의 배수구에 전체의 단면을 넓히고 구멍을 좁힌다면 쓰레기로 인한 문제점을 해결하면서 도시의 미관과 배수에도 도움이 될 것이라 생각한다.

4.2 4SPS 적용 기술문제해결(학부)

특별히 전문기술지식이 필요한 문제는 아니다. 실용트리즈를 공부하는 모든 학생들이 스스로 문제를 찾아내어 단계별로 문제를 해결해 나가는 과정이다. 일부 내용은 문제 해결과정이 미흡한 부분도 있다. 저자에 의한 인위적인 수정은 최대한 배제한 실제 문제해결 사례이다. 처음 한 개 사례는 문제를 해결하는 과정을 상세하게 설명한다. 나머지 문제들은 학생들의 기말고사 결과를 정리한 것으로 문제를 도출하고 해결책을 찾아가는 실제 사례들이다.

4.2.0 가방 끈이 어깨를 아프게 하는 문제

가방을 매면 어깨가 아픈 문제이다. 4SPS에 맞추어 어깨가 아픈 문제를 일으키는 원인을 분석하여 문제를 해결하는 과정이다. 시스팀의 기능분석을 통하여 물리모순을 보다 명확하게 찾아갈 수 있다.

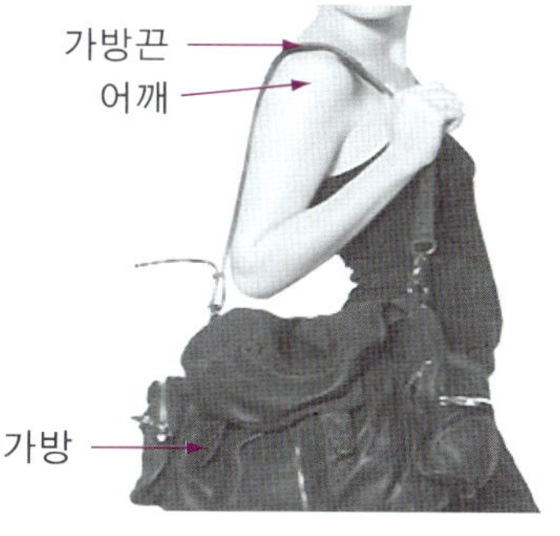

어깨를 누르는 가방끈(전체)

가방끈이 어깨에 압력을 주면 아픈 문제가 생긴다.

1단계: 경계영역의 도식화

경계영역의 의미는 문제를 일으키는 영역의 경계를 말한다. 도식화는 문제를 일으키는 경계영역을 그림으로 간략하게 그린 것을 의미한다.

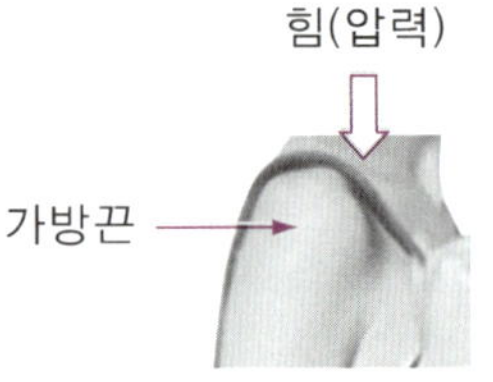

경계영역의 도식화(세부)
어깨에 힘(압력)이 전달되는 부분이 경계영역이다.
(가방끈과 어깨가 닿는 접촉 부분)

어깨와 가방끈이 닿는 부분이 세부 경계영역의 도식화이다. 대부분의 물리모순은 좁은 영역의 경계영역에서 도출된다. 때문에 문제를 야기 시키는 핵심 원인을 찾을 수 있는 형태로 경계부분을 표시하여야 한다. 문제의 상황에서 세부 경계영역의 도식화를 그리면 문제의 원인을 쉽게 이해할 수 있다.

2단계: 시스템의 기능분석

1단계 경계영역의 도식화를 기능분석도로 만드는 과정을 설명한다. 일반적으로 너무 상세하게 기능분석도를 그릴 필요는 없다. 너무 많은 부품의 기능분석은 오히려 문제해결에 방해가 된다. 먼저 시스템의 전체 기능의 관계를 기능분석도로 나타내어야 한다. 다음 그림의 기능분석도에서 기술시스템의 목표대상(둥근 사각형)은 가방에 들어 있는 물건이다. 기술시스템의 시스템요소(사각형)는 가방이 된다. 가방의 기능은 물건을 저장(보관)하는 것이다. 기능분석도에서 전체 기능을 먼저 정의하는 것이 중요하다.

시스템의 존재 이유를 말하고 있기 때문이다. 그리고 실제 문제를 일으키는 부분에 대한 세부 기능분석도를 그려야 한다.

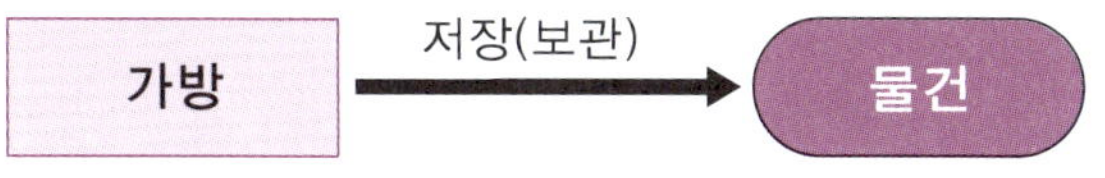

가방의 기능분석도(전체)

목표대상은 물건이고 가방은 물건을 저장하는 기능을 한다.

다음은 세부 경계영역이다. 다음 그림은 어깨를 아프게 하는 부뷰의 요소들의 관계를 기능으로 나다낸 세부 경계영역의 도식화이다.

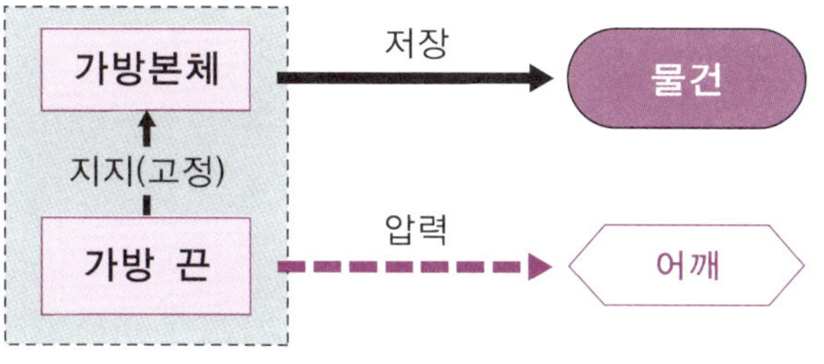

가방의 기능분석도(세부)

목표대상은 물건이고 가방본체는 물건을 저장하는 기능을 한다.
가방끈은 가방본체를 지지하는 좋은 기능을 하면서 환경요소인 어깨를 아프게(압력) 한다.

기술시스템의 요소들은 가방본체와 가방끈이다. 목표대상은 물건이고 환경요소는 사람의 어깨가 된다. 가방본체는 물건을 저장하는 기능과 가방끈을 잡아주는 좋은 기능을 한다. 때문에 화살표는 실선이다. 반면 가방끈은 가방본체를 떨어지지 않게 하는 유용한 기능을 수행하기 때문에 화살표는 실선이다. 반면 가방끈이 어깨를 아프게 하는 유해한 기능은 점선이다.

각 시스템 요소 및 환경요소들의 기능은 화살표로 나타내었다. 모든 실선 화살표는 유익한 기능을 나타내고 점선 화살표는 유해한 기능을 나타내고 있다. 가방끈에서부터 실선화살표와 점선화살표가 나가고 있다. 기능분석도에서 어떤 요소(지지부)에서 실선과 점선이 같이 있다는 것은 문제를 일으키는 핵심을 의미한다. 트리즈에서 가장 중요한 물리모순을 도식화한 것으로 볼 수 있다.

3단계: 모순도출

1단계 경계영역 도식화와 2단계 시스템의 기능분석도로부터 물리모순을 도출한다. 앞에서 어깨가 아픈 원인은 가방본체에 들어 있는 물건의 무게를 가방끈이 받고 있기 때문이다. 가방끈이 가방을 지지하는 것은 좋은 기능이다. 반면 가방끈은 사람의 어깨를 아프게 한다. 가방끈에 대한 물리모순이 시스템의 기능분석도에서 도식적으로 나타남을 알 수 있다. 경계영역의 도식화와 기능분석도를 이해하는 사람은 여러 가지 모순을 생각할 수 있다. 가방끈의 형상 및 소재 크기 등에 대한 여러가지 모순이 있다. 최소한 4개 이상의 모순이 이 문제 속에 들어 있다. 핵심적인 물리모순을 제외한 물리모순은 생략한다. 왜냐하면 문제해결에 별로 도움이 되지 않기 때문이다. 많은 문제를 풀어보면 문제해결에 실제로 결정적인 도움이 되는 유익한 물리모순과 문제해결에 도움이 되지 못 하는 쓰레기 같은 물리모순을 구분할 수 있다. 경계영역의 도식화와 기능분석도로부터 아래와 같은 물리모순을 도출하였다. 본 단원을 이해하기 어려운 독자는 앞 장의 시스템의 기능분석을 다시 공부하기 바란다.

- 물리모순 1: 가방끈의 넓이는 넓기도 하고 넓지 않아야 한다. 어깨를 아프게 하는 것은 가방끈의 넓이와 중요한 관계이다. 때문에 넓이라는 물리량은 명확한 모순 대상이 된다.

- 물리모순 2: 가방끈과 어깨는 접촉해야 하고 접촉하지 않아야 한다. 접촉의 정도는 어깨를 아프게 하는 것과 직접적으로 관계되는 명확한 물리량이다. 때문에 접촉이라는 물리량은 모순 대상이 된다.

4단계: 모순분석

- 물리모순 1의 분석
  가방끈 넓이는 넓기도 하고 넓지 않아야 한다. 라는 모순을 시간과 공간으로 분리하여 생각한다. 시간분리는 어깨와 닿는 가방끈의 넓이가 시간에 따라 넓기도 하고 넓지 않기도 하면 된다. 반면 공간분리는 가방끈의 어떤 부분의 넓이는 커고 다른 부분은 작은 것을 의미한다. 즉 가방끈의 폭이 시간과 공간에 따라 다른 것을 의미한다.
- 물리모순 2의 분석
  가방끈과 어깨는 접촉해야 하고 접촉하지 않아야 한다. 라는 모순을 시간과 공간으로 분리하여 생각한다. 시간분리는 가방끈과 어깨의 접촉이 시간에 따라 다른 것을 의미한다. 시간에 따라 접촉이 되기도 하고 되지 않기도 한 접촉은 무엇일까? 구체적인 해결책을 찾기에 한계가 있는 것으로 보인다. 하지만 새로운 개념의 가방끈을 개발 할 수 있는 좋은 접근으로 볼 수 있다. 반면 공간분리는 접촉이 특정 위치에만 있고 다른 위치에 없는 것을 의미한다.

5단계: 모순 해결책의 평가

앞의 두 가지 모순에 대한 시간분리와 공간분리의 결과에서 모순을 극복하는 새로운 해결책을 여러 가지 찾을 수 있다. 문제의 물리모순을 해결하는 현업에 적용 가능한 혁신적인 해결책들을 생각해 낼 수 있다.

• 물리모순 1: 가방끈의 넓이는 넓기도 하고 넓지 않아야 한다. 라는 모순의 해결책은 시간분리와 공간분리를 결합하면 가방끈의 형상을 다음 그림과 같은 형태로 하면 된다. 다음 그림과 같은 시간과 공간에 따라 가방끈의 크기와 형상을 다르게 할 수 있는 해결책을 생각할 수 있다. 어깨와 닿는 부분의 폭은 커고 다른 부분은 좁다.

모순해결책
어깨에 닿는 부분의 가방끈의 폭은 넓고 다른 부분의 폭은 좁다.

• 물리모순 2: 가방끈과 어깨는 접촉해야 하고 접촉하지 않아야 한다. 어깨와 가방끈의 접촉을 시간과 공간에 따라 다르게 한다. 가방끈의 특정 부분은 어깨에 닿고 다른 부분은 어깨와 닿지 않는 다음 그림과 같은 해결책을 생각할 수 있다. 가방끈의 특정 부분을 스폰지와 같은 부드러운 소재를 사용하고 외부는 강한 소재를 사용하여도 된다. 공간적으로 접촉의 위치를 달리한 해결책이다. 여러 가지 다른 해결책들을 많이 생각할 수 있다. 현재 나와 있는 특허의 대부분은 앞에서 설명한 물리모순으로 유추 해석할 수 있다.

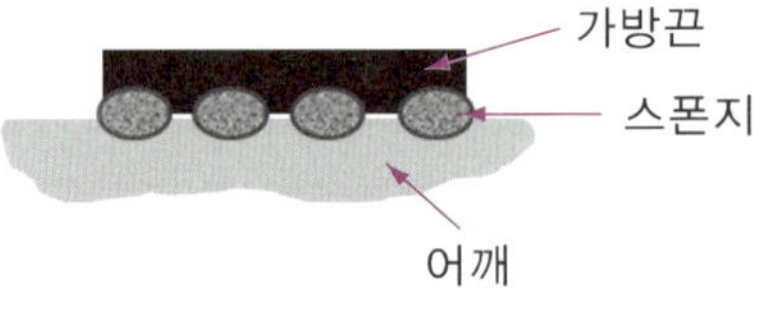

모순해결책
가방끈이 어깨에 닿는 부분과 닿지 않는 부분이 공간적으로 분리되어 있다.

4.2.1 베이비파우더를 바를 때 가루가 날리는 문제

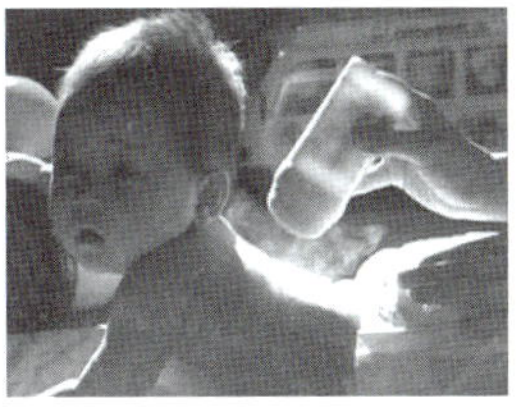

베이비파우더를 바른 때 가루가 날리는 문제가 있다. 가루에 아주 유해한 성분이 들어 있다. 4SPS 표준양식에 맞추어 문제를 단계별로 해결해 나가는 과정에 대한 설명이다.

사례 1

베이비파우더를 바를 때 가루가 날리는 문제(기술 문제)

이 름	×××
학과(학년)	×××과(××학년)
수업시간	×××
전 화	×××-×××-××××
제 출 일	2009.06.××(×)

1단계(1-1): 경계영역 도식화(문제영역)

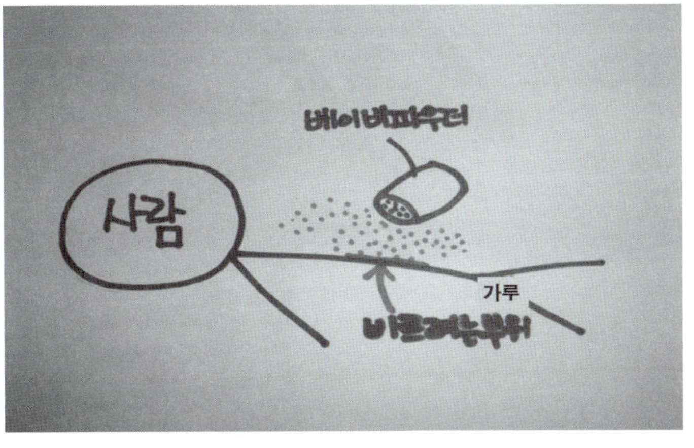

1단계(1-2): 경계영역 도식화(문제영역)

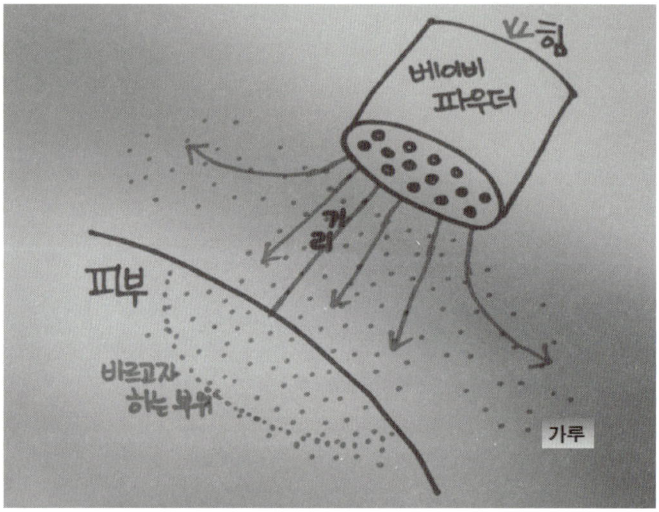

2단계(2-1): 시스템의 기능분석(경계영역 전반에 대한 기능)

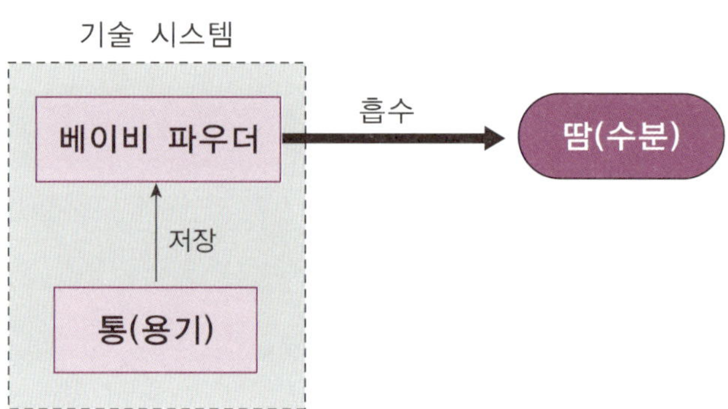

2단계(2-2): 시스템의 기능분석

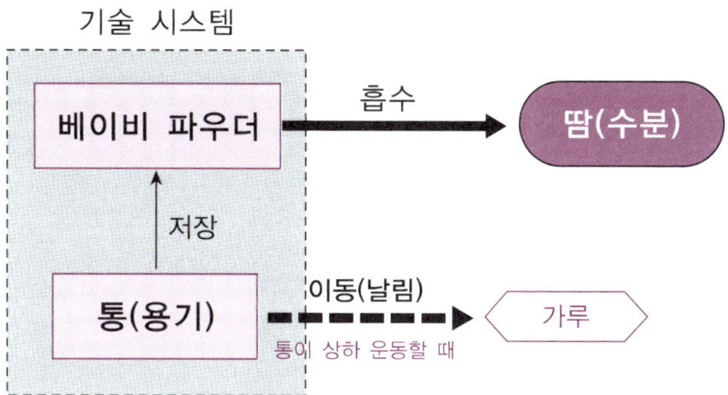

3단계: 모순 도출(2개)

- 모순 1: 베이비 파우더와 피부 사이에 거리가 있어야 골고루 퍼지지만, 거리가 있으면 공기의 영향을 받아 바르고자 하는 피부 이외에 베이비 파우더가 퍼진다.
  → 베이비 파우더 피부 사이에는 거리가 있어야 하고, 없기도 해야 한다.
- 모순 2: 베이비 파우더가 가루로 되어있어 피부에 바르기 쉽지만, 가루로 되어있어 공기의 영향을 받아 바르고자 하는 피부 이외에 베이비 파우더가 퍼진다.
  → 베이비 파우더는 가루로 되어 있어야 하고, 가루가 아니기도 해야 한다.

4단계: 모순분석(분리원리)

- 모순 1: 베이비 파우더와 피부 사이에는 거리가 있어야 하고, 없기도 해야 한다.

분리원리	모순분석
2. 공간 분리	베이비파우더와 피부 사이에 거리가 있는 부분과 없는 부분이 있다.

- 모순 2: 베이비 파우더가 가루로 되어있어야 하고, 가루가 아니기도 해야 한다.

분리원리	모순분석
1. 시간 분리	뿌릴 때는 가루가 아니고 뿌리고 난 후는 가루이다.

※ 해결책과 평가

- **모순 1의 해결책 및 평가:** 베이비파우더와 피부 사이에 거리가 있는 부분과 없는 부분이 있다.
  베이비 파우더 용기(통)의 입구를 사선으로 만들어 피부와 거리가 있기도 하고, 없기도 하게 하고 나오는 양은 입구크기의 조절로 바꿀 수 있게 하는 해결책이다. 하지만 소량이 나온다고 하더라도 베이비파우더가 가루로 되어있기 때문에 날릴 가능성이 없어지는 것은 아니므로 모순을 완벽하게 극복하는 해결책이라고 볼 수 없다.
- **모순 2의 해결책 및 평가:** 뿌릴 때는 가루가 아니고 뿌리고 난 후는 가루이다.
  베이비 파우더를 증발이 빠르고 피부에 해가 없는 액체와 섞어 액체화시켜 바를 때는 날림이 없게 하고 빠른 증발 후에 베이비파우더만 남아 그 원래의 기능을 하도록 한다. 이 해결책은 베이비파우더의 날림을 해결할 수 있고 그 본연의 기능을 할 수 있기 때문에 모순을 극복하는 해결책이라고 볼 수 있다.

4.2.2 고무장갑 착용시 손에 땀이 차는 문제

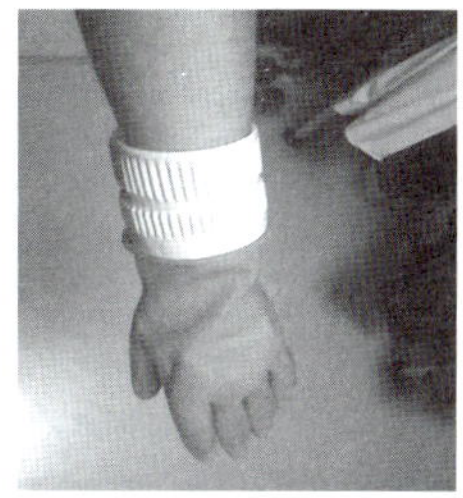

고무장갑을 착용하면 내부에 땀이 생기게 되어 빼기 어려운 문제가 있다. 4SPS 표준양식에 맞추어 문제를 단계별로 해결해 나가는 과정에 대한 설명이다.

사례 2

고무장갑 착용시 땀으로 손에 습기가 차는 문제(기술 문제)

이 름	×××
학과(학년)	전자정보시스템(3학년)
전 화	×××-××××-××××
제 출 일	2009.12.20

* 2009년 ××××대학 2학기용 기말고사 표준양식

1단계(1-1): 경계영역 도식화(전반)

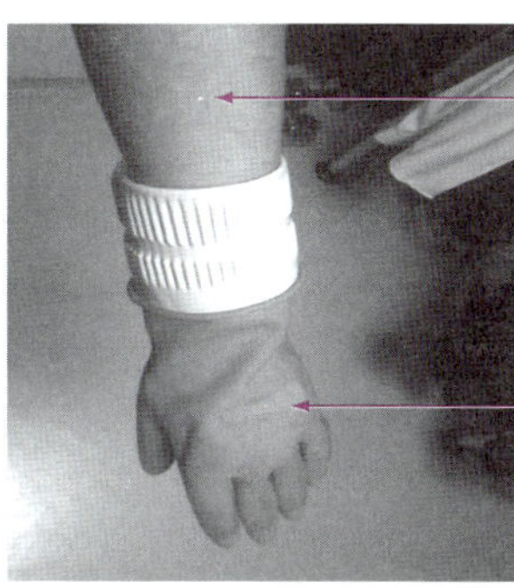

1단계(1-2): 경계영역 도식화(문제영역)

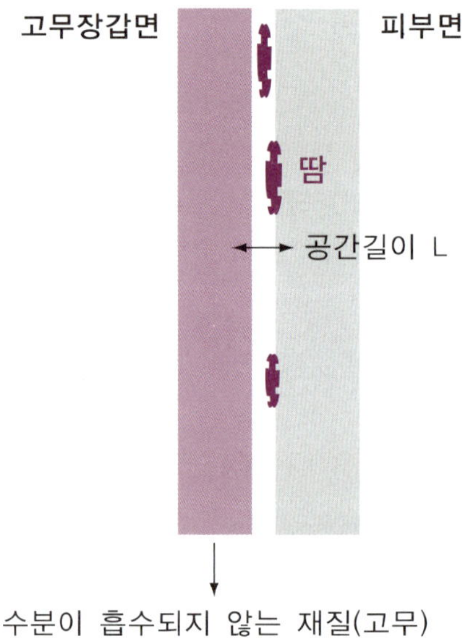

2단계(2-1): 시스템의 기능분석(경계영역 전반에 대한 기능)

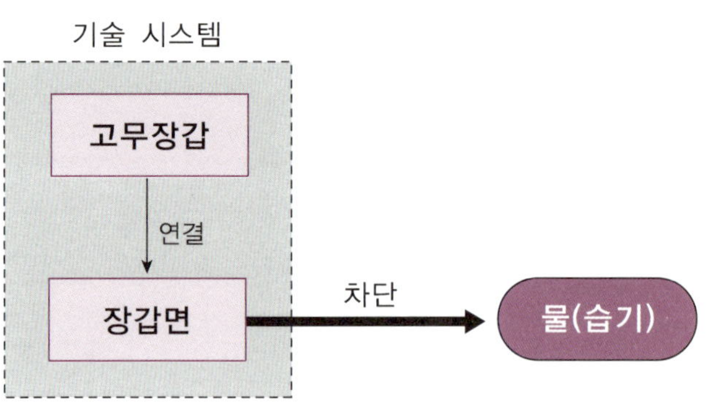

2단계(2-2): 시스템의 기능분석(경계영역 세부 요소에 대한 기능)

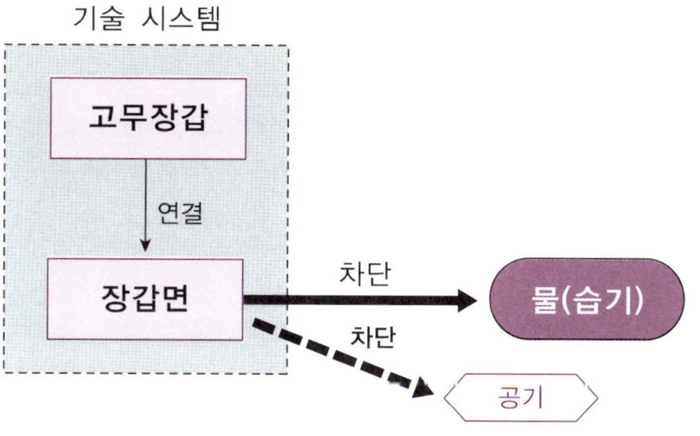

3단계: 모순 도출(2개)

- 모순 1: 고무장갑의 면과 피부면 사이의 공간길이(L)은 짧기도 하고 길기도 해야 한다(통풍).
- 모순 2: 고무장갑의 면은 수분을 흡수하기도 하고 흡수하지 않기도 해야 한다.

4단계: 모순분석(분리원리)

- 모순 1: 고무장갑의 면과 피부면 사이의 공간길이(L)는 짧기도 하고 길기도 해야 한다(통풍).

분리원리	모순분석
1. 시간 분리	설거지를 할 때에는 물체를 잡기 위해 L은 짧아야 하고 통풍을 위해서는 길어야 한다.
2. 공간 분리	고무장갑의 손바닥 부분은 공간의 길이를 짧게 손등 부분은 길이를 길게 하여 통풍이 가능하게 한다.
3. 조건 분리	

- 모순 2: 고무장갑의 면은 수분을 흡수하기도 하고 흡수하지 않기도 해야 한다.

분리원리	모순분석
1. 시간 분리	설거지를 할 때는 수분을 흡수하지 않고 손에 땀이 날 때는 수분을 흡수
2. 공간 분리	물과 닿는 고무장갑의 겉 부분 면은 흡수되지 않아야 하고, 피부면과 닿는 안쪽 면은 수분 흡수가 잘되어야 한다.
3. 조건 분리	손의 땀을 흡수할 수 있는 면이 있어야 한다.

※ 해결책과 평가

- **모순 1의 해결책 및 평가:** 그림처럼 고무장갑의 면에 돌출부를 두어 피부에 닿기도 닿지 않기도 하게 한다.

- **모순 2의 해결책 및 평가:** 고무장갑의 물이 닿는 부분은 지금처럼 고무로, 사람 피부가 닿는 안쪽은 수분을 흡수할 수 있도록 면 종류위 재질 장갑으로 구성하여 안쪽 면 장갑쪽만 탈부착 가능하게 한다.

4.3 4SPS 적용 기술문제해결(대학원)

대학원 석·박사과정의 학생들이 자신의 기술문제를 4SPS로 해결한 사례들이다. 높은 전문지식이 필요한 첨단 기술분야의 문제를 해결하는 과정이다. 일부 내용은 문제해결 과정이 미흡한 부분도 있다. 저자에 의한 인위적인 수정은 최대한 배제한 실제 문제해결 사례이다. 다음은 대학원 실용트리즈 기말고사에 해당하는 문제들이다. 실용트리즈를 수강하는 모든 학생들이 스스로 문제를 찾아내어 단계별로 문제를 해결해 나가는 과정이다. 기업연구소와 관련이 있는 일부 첨단기술에 대한 풀이 과정은 생략하거나 '××××'으로 표시하였다.

4.3.0 센서용 광섬유가 진동으로 인하여 절단되는 문제

이번 문제는 앞에서 소개 한 문제에 비하여 전문지식이 필요한 난이도가 높은 문제이다. 시스템의 물리적인 변화를 측정하는 광센서의 광신호를 전달하는 아주 가는"광섬유 선이 절단되는 문제"이다. 기능분석도를 통하여 물리모순를 명확하게 찾아낼 수 있는 좋은 문제해결 사례로 보인다. 문제 관련 세부 사진, 도면 등과 같은 현업 자료는 공개할 수 없다. 뿐만아니라 해결책에 대한 구체적인 내용도 생략한다. 이해를 돕기 위하여 광섬유 센서에 대해 간단히 설명한다.

광섬유 센서란?

광섬유 선 자체가 검지기능을 하는 것과 센서부와 신호 전달경로로 광섬유를 사용하는 두 가지가 있다. 센서로서 사용되는 광섬유는 전자기적으로 중성이므로 전자기적 잡음에 영향을 받지 않고 크기가 작고 내구성과 정보전달 능력이 우수 하다. 검지기능을 가진 광섬유는 온도나 압력으로 광섬유가 신축하는 것을 이용한다. 이때 그 속을 통하는 빛의 간섭 무늬 등을 검출하는 온도나 압력센서가 있다. 빛의 회전방향에 따라서 진행하는 빛과 반대방향으로 진행하는 빛의 위상차를 가려내면 광섬유 자이로스코프가 된다. 그밖에 빛의 도플러 효과를 응용한 속도계, 혈액계, 진동센서 등의 많은 응용분야가 있다(관련 전문기술자료 요약).

광섬유의 원리

광섬유(Optical Fiber)는 고순도의 석영으로 만든 유리섬유의 일종이다. 광섬유는 보통 머리카락 정도의 두께인 0.1 밀리미터보다 얇게 이루어져 있고, 유리나 플라스틱을 이용해 만들고 있다. 광섬유는 코어(Core), 크레딩(Claddiing), 버퍼코팅(Buffer Coating)으로 구성되며 각각의 역할은 아래와 같다. Core: 얇은 유리 섬유의 중심이 되는 부분으로 빛이 이동하는 통로가 되며, 이 중심부분의 굴절율은 바깥부분의 굴절율보다 약간 크도록 설계되어 있다(전반사 조건). Cladding: Core의 외부를 감싸고 있는 요소로 빛을 코어 안쪽으로 반사시켜 계속 빛이 전파될 수 있게 해준다. Buffer Coating: 플라스틱 섬유의 코팅으로 광섬유를 보호하는 역할을 한다. 주로 이렇게 구성된 수백~수천개의 광섬유들이 함께 묶여 제킷(Jacket)이라 불리는 다발에 싸여 사용된다. 코어의 굴절율을 클래드의 굴절율보다 높게 하면 코어에 들어온 광은 코어와 클래드의 경계에서 전반사를 반복하며 코어 속을 진행한다. 즉, 크래딩은 광을 흡수하지 않고 전반사 하기 때문에 광원을 코어를 따라 아주 먼 거리까지 보낼 수 있도록 해 준다(관련 전문기술자료 요약).

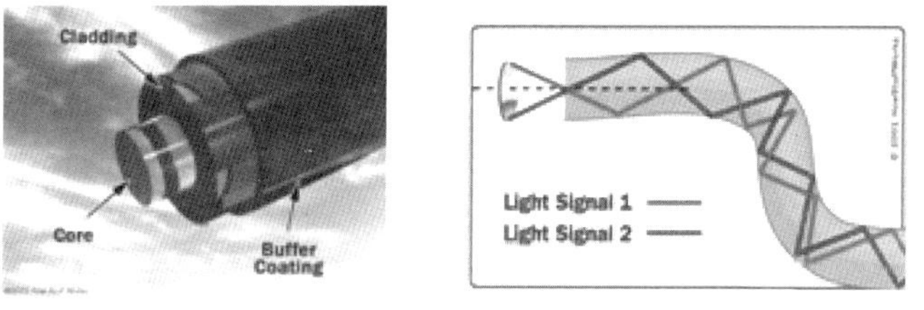

광섬유의 구조와 빛의 이동
광섬유는 코어 외부에 여러 겹의 층을 가지고 있다.
빛은 코어의 경계에서 전반사 된다.

1단계: 경계영역의 도식화

본 문제는 진동이 아주 큰 특수 분야에 사용되는 광섬유 선의 절단 문제이다. 세부 관련 장치나 문제 현황은 외부로 공개 할 수 없다. 때문에 문제를 일반화 시켜서 설명한다. 센서신호를 전달하는 광섬유선이 통과하는 프레임은 아주 심하게 진동하는 부분이다. 때문에 프레임에 고정된 광섬유선은 심하게 흔들린다. 다음 그림은 광섬유선이 흔들려 절단 되는 상황에 대한 것이다. 이 그림은 문제를 일으키는 상황을 넓게 그린 경계영역에 해당한다. 좁은 영역의 경계를 명확히 하기 위하여 먼저 문제를 일으키는 전체적인 이해가 필요하다.

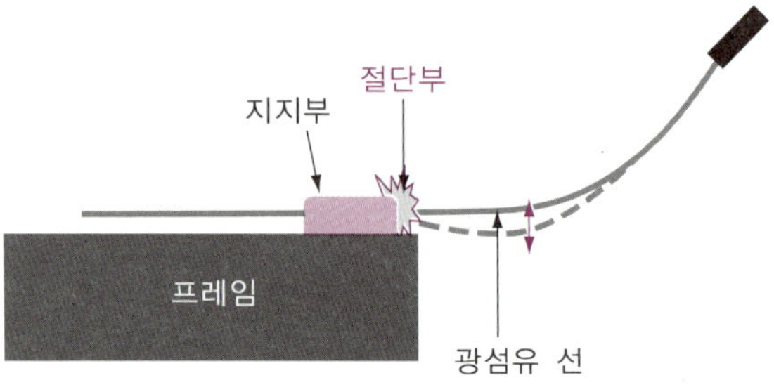

경계영역의 도식화(전체 영역)
광섬유선이 프레임의 진동으로 흔들리게 되면 지지부의 끝 부분에서 절단이 발생된다.

다음은 프레임의 진동에 의하여 지지부 끝 부분에서 광섬유선이 심하게 휘어지는 그림이다. 이 부분이 세부 경계영역의 도식화이다. 대부분의 물리모순은 좁은 영역의 경계영역에서 도출된다. 때문에 문제를 야기 시키는 핵심 원인을 찾을 수 있는 형태로 경계부분을 표시하여야 한다. 문제의 상황에서 세부 경계영역의 도식화를 그리면 문제의 원인을 쉽게 이해할 수 있다.

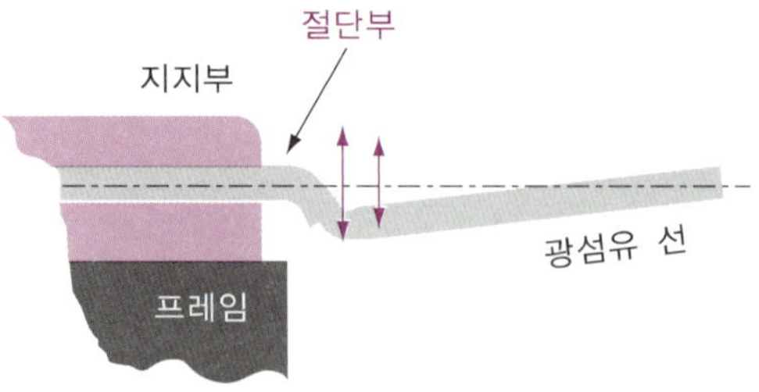

경계영역의 도식화(세부영역)
지지부가 광섬유 선을 강하게 잡고 있는 상태 때문에
지지부의 끝 부분에서 광섬유가 심하게 휘어진다.

2단계: 시스템의 기능분석

1단계 경계영역의 도식화(세부영역)를 기능분석도로 만드는 과정을 설명한다. 그림의 기능분석도에서 기술시스템의 목표대상은 광섬유 선이다. 기술시스템의 시스템요소(사각형)는 프레임과 지지부이다. 그리고 환경요소는 진동이다. 각 시스템 요소 및 환경요소들의 기능은 화살표에 나타나 있다. 모든 실선 화살표는 유익한 기능을 나타내고 점선 화살표는 유해한 기능을 나타내고 있다. 지지부에서부터 실선 화살표와 점선화살표가 나가고 있다. 기능분석도에서 어떤 요소(지지부)에시 실선과 점선이 같이 있다는 것은 문제를 일으키는 핵심을 의미한다. 실용트리즈에서 가장 중요한 물리모순을 도식화한 것으로 볼 수 있다.

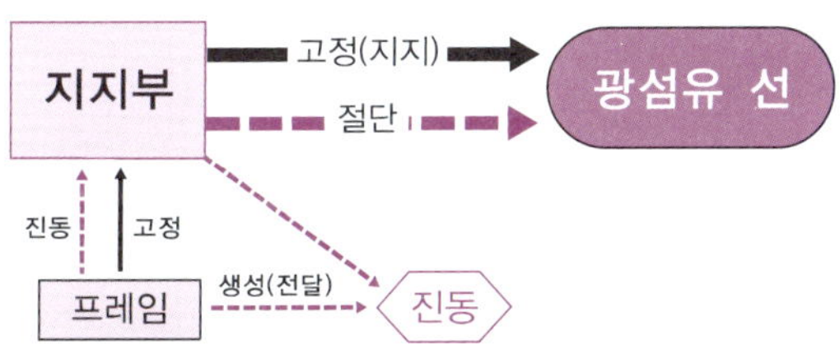

지지부와 광섬유 선의 기능분석도

기술시스템의 요소는 프레임 및 지지부이다. 지지부가 목표대상인 광섬유선을 고정하는 유익한 기능을 하면서 절단하게 하는 유해한 기능을 한다.

3단계: 모순도출

1단계 경계영역 도식화와 2단계 시스템의 기능분석도로부터 물리모순을 도출한다. 앞에서 광섬유 선이 파손되는 원인은 진동하는 지지부가 선을 너무 강하게 잡기 때문임을 알 수 있다. 지지부가 광섬유 선을 고정하는 것은 좋은 기능이다. 때문에 실선 화살표이다. 반면 지지부가 선에 진동을 전달하여 절단시키는 것은 유해한 기능이다. 때문에 점선 화살표이다. 실선화살표와 점선화살표가 같이 있는 부품인 지지부에 물리모순이 있음을 알 수 있다. 광섬유 선의 절단 문제 속에 들어 있는 물리모순이 시스템의 기능분석도에서 도식적으로 나타남을 알 수 있다. 경계영역의 도식화와 기능분석도를 이해하는 사람은 여러 가지 모순을 생각할 수 있다. 지지부의 숫자에 대한 모순도 있고 소재와 크기 등에 대한 모순도 있다. 광섬유 선 자체에 대한 여러 가지 물리모순도 있다. 최소한 6개 이상의 모순이 이 문제 속에 들어 있다. 핵심적인 물리모순을 제외한 물리모순은 생략한다. 왜냐하면 문제해결에 별로 도움이 되지 않기 때문이다. 경계영역의 도식화와 기능분석도로부터 아래와 같은 물리모순을 도출하였다.

- 물리모순 1: 지지부는 광섬유 선을 고정해야 하고 고정 안해야 한다. 고정이라는 명확한 물리량에 의한 모순이다. 지지부는 광섬유 선은 고정해야 한다. 하지만 이 경우 진동이 전달된다.
- 물리모순 2: 지지부는 많아야 하고 적어야 한다. 지지부의 개수에 대한 명확한 물리모순이다. 지지부가 많으면 광섬유선이 급격하게 휘지 않는다. 하지만 이 경우 설치와 유지 보수가 어려운 문제가 있다.

4단계: 모순분석

3단계의 2가지 물리모순을 분리원리를 적용하여 해결하는 단계이다.

- 물리모순 1의 분석

  지지부는 광섬유 선을 고정해야 하고 고정 안해야 한다. 라는 모순을 시간과 공간으로 분리하여 생각한다. 시간분리는 지지부가 시간에 따라 광섬유를 고정하기도 하고 않기도 하는 것을 의미한다. 즉 고정이라는 물리량을 시간의 함수로 생각하는 의미이다. 반면 공간분리는 지지부의 어떤 위치는 광섬유 선을 고정하고 다른 부분은 고정하지 않는 것을 의미한다. 즉 지지부의 고정의 정도가 위치에 따라 다른 것을 의미한다. 지지부의 고정 자체의 문제가 아니라 시간에 따라 공간에 따라 고정하는 크기의 정도에 문제가 있다.

- 물리모순 2의 분석

  지지부는 많아야 하고 적어야 한다. 라는 모순을 시간과 공간으로 분리하여 생각한다. 시간분리는 지지부의 개수를 시간에 따라 다르게 하는 것을 의미한다. 아주 많은 새로운 물리모순 해결책을 생각할 수 있다. 현 시점에서 현업 적용 가능한 해결책을 찾기에는 한계가 있는 것으로 보인다. 하지만 새로운 개념의 지지부를 개발 할 수 있는 좋은 접근으로 볼 수 있다. 공간분리는 지지부의 숫자를 위치에 따라 다르게 하는 것을 의미한다. 여기서 공간이란 어느 곳을 말하는 것일까? 지지가 필요한 광섬유 선의 전체 길이가 공간분리의 공간이다. 이 내용이 이해하기 어려운 독자는 실용트리즈 이론 부분에 대한 공부가 필요하다. 물리모순에서 공간의 의미를 정확하게 이해하는 것이 트리즈에서 가장 어려운 것 중의 하나이다.

5단계: 모순 해결책의 평가

앞의 두 가지 모순에 대한 시간분리와 공간분리의 결과에서 모순을 극복하는 새로운 해결책을 여러 가지 찾을 수 있다. 문제의 물리모순을 해결하는 혁신적인 해결책들을 생각해 낼 수 있다.

- 물리모순 1: 지지부는 광섬유 선을 고정해야 하고 고정 안해야 한다. 라는 모순의 해결책은 시간분리와 공간분리를 결합하면 광섬유를 고정하는 부분을 유연한 소재를 사용함을 의미 한다. 반면 지지부의 다른 부분은 단단한 소재를 사용한다. 다음은 물리모순을 해결한 해결책이다.

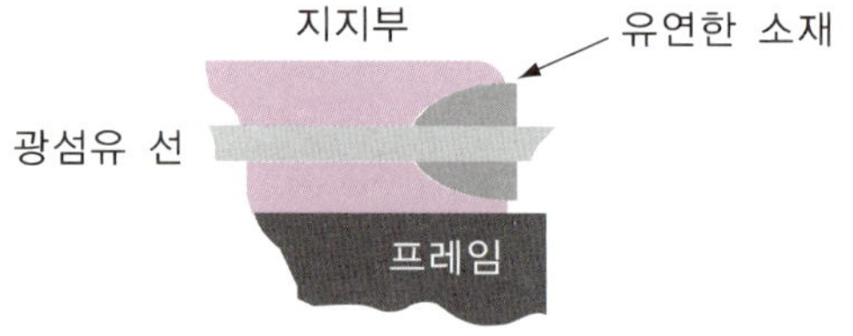

모순 해결책
지지부의 끝 부분에 유연한 소재를 넣어 광섬유선이 쉽게 움직일 수 있게 한다.

- 물리모순 2: 지지부는 많아야 하고 적어야 한다. 일정 한 간격으로 되어 있는 지지부의 간격을 조절한다. 진동의 크기와 방향을 고려하여 지지부의 개수와 형태 지지 방향을 다르게 한다. 절단 문제해결에 많은 도움이 된다.

이번 문제는 실용트리즈를 알고 있는 사람이면 문제의 실체를 비교적 쉽게 파악할 수 있다. 하지만 현업의 실무 담당자는 오랜 기간 동안 해결하지 못한 현업 고질문제 중의 하나였다. 왜냐하면 광섬유 선이 파손되는 것을 문제로 보았기 때문이다. 파손이 아니라 지지부가 광섬유 선을 너무 강하게 고정 하였기 때문이다. 파손을 문제로 설정하면 물리모순을 찾기 어렵다. 만일 문제에서 명확한 물리모순의 대상을 찾지 못하면 트리즈적인 해결책을 찾을 수 없다. 절단의 원인을 정확하게 찾아야 한다. 특히 2단계 시스템의 기능분석도에서 지지부에서 명확한 물리모순을 찾을 수 있다. 이번 문제의 경우도 물리모순 1과 2의 모순해결책이 실제 현업에 적용 가능한 좋은 해결책이 될 수 있었다. 트리즈의 지식 만으로 문제를 해결할 수 있는 것이 아니다. 먼저 문제를 정확하게 이해하고 분석할 수 있어야 한다. 문제 관련 지식이 없다면 문제를 이해하지 못하게 되고 이 경우 어떤 해결책도 기대할 수 없다. 트리즈의 단편적인 지식 정도로 해결할 수 있는 현업 고질문제는 거의 없다. 잡다한 트리즈의 문제해결 방법론들을 많이 알고 있는 것과 현업 고질문제해결은 아무런 상관이 없다. 문제 속에 들어 있는 물리모순을 정확하게 이해하지 못하면 사실상 트리즈를 모르는 것이다. 문제를 제대로 이해하지 못하면 아무리 많은 트리즈 지식도 무의미 하다. 가장 중요한 것은 문제를 제대로 이해해야 한다. 문제를 이해하는 것은 트리즈 지식과 무관하다.

다음 장에서 비기술 문제해결 사례가 설명된다. 비기술 문제도 기술문제와 마찬가지로 모순해결책을 찾을 수 있다. 1단계 "경계영역의 도식화"를 "요소-상호관계"로 변형하여 모순을 찾는다. 요소-상호관계 기법을 사용하면 비기술문제를 도식적으로 나타낼 수 있다. 객관적으로 설명하기 어려운 경영, 마케딩, 예술 등과 같은 사람의 주관이나 가치관으로 판단하는 영역에서 트리즈의 물리모순을 찾을 수 있다. 비기술문제에서 모순을 찾으면 기술문제와 같은 단계로 해결책을 찾을 수 있다. 3SPS의 2, 3단계는 기술과 비기술 문제해결 과정이 동일하다.

4.3.1 잉크젯프린터의 노즐이 막히는 문제

잉크젯프린터의 노즐이 미세하면 막히는 문제가 자주 발생한다. 4SPS 표준양식에 맞추어 문제를 단계별로 해결해 나가는 과정에 대한 설명이다.

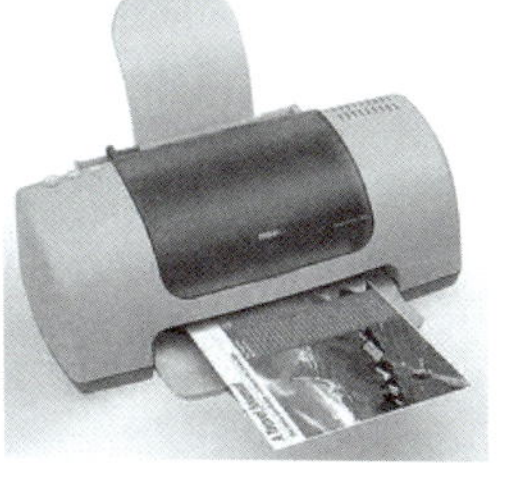

사례 3

잉크젯프린터의 노즐이 막히는 문제(기술 문제)

이　　름	×××
학과(학년)	대학원과정
제 출 일	2010.12.20

1단계(1-1): 경계영역 도식화(전반)

10μm 노즐

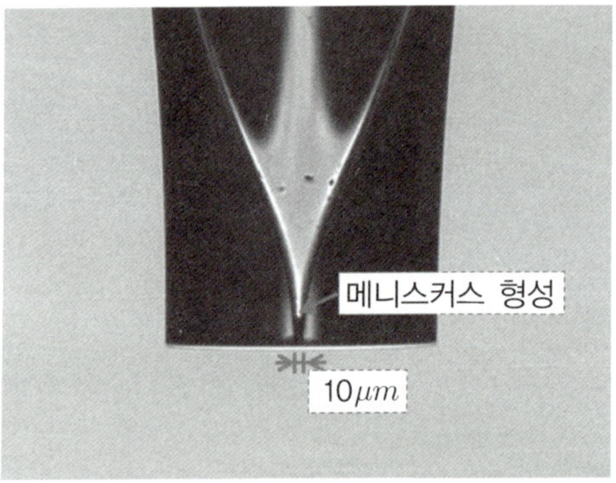

막힌 10μm 노즐

1단계(1–2): 경계영역 도식화(세부)

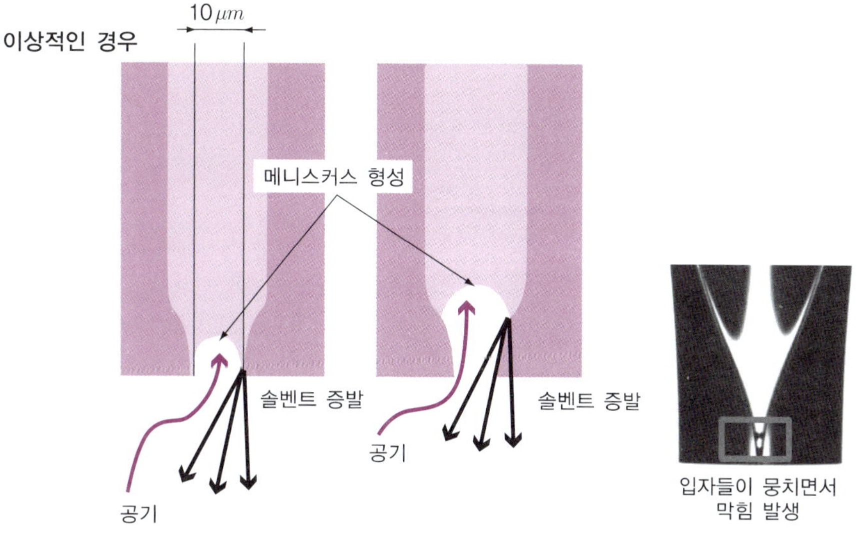

2단계(2–1): 시스템의 기능분석(경계영역 전반에 대한 기능)

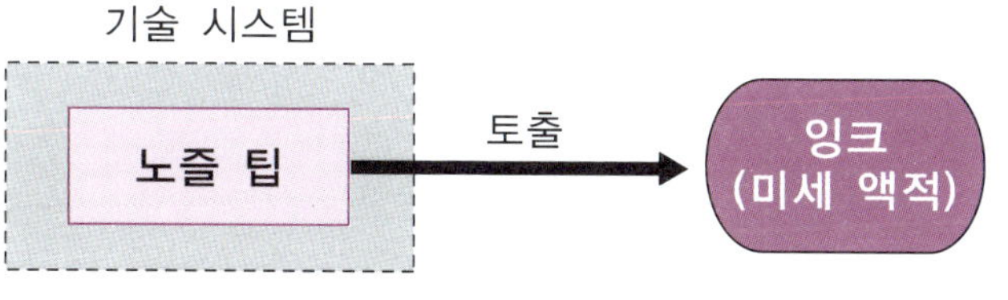

2단계(2-2): 시스템의 기능분석(경계영역 세부 요소에 대한 기능)

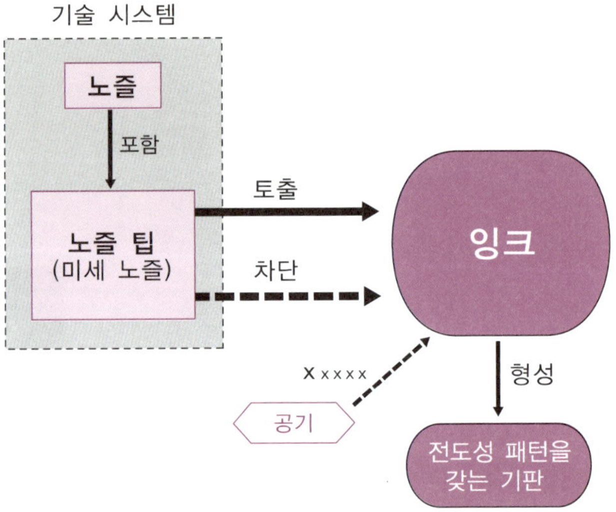

3단계: 모순 도출(2개)

- 모순 1: 노즐의 크기는 크기도 해야 하고 작기도 해야 한다.
- 모순 2: 메니스커스는 형성하기도 해야 하고, 형성하지 않기도 해야 한다.

4단계: 모순분석(분리원리)

- 모순 1: 노즐의 크기는 크기도 해야 하고 작기도 해야 한다.

분리원리	모순분석
1. 시간 분리	미세 액적이 토출될 때는 노즐 크기가 작아야 하고, 미세 액적이 노즐 입구에 막힐 때에는 노즐 크기가 커야 한다.
2. 공간 분리	미세 액적이 토출되는 부분의 지름은 작아야 하고, 메니스커스를 형성하는 부분의 지름은 커야 한다.
3. 조건 분리	

• 모순 2: 메니스커스는 형성하기도 해야 하고, 형성하지 않기도 해야 한다.

분리원리	모순분석
1. 시간 분리	미세 액적이 토출될 때는 메니스커스를 형성해야 하지만, 솔벤트 증발이 일어날 때는 메니스커스를 형성하지 않아야 한다.
2. 공간 분리	액젖이 토출되는 곳에는 메니스커스가 형성되어야 하지만, 좁은 직경을 가지는 노즐에서는 메니스커스가 형성되지 않아야 한다.
3. 조건 분리	

※ 모순 해결책

• 모순 1의 해결책: 노즐의 크기는 크기도 해야 하고 작기도 해야 한다.
(공간분리: 미세 액적이 토출되는 부분의 지름은 작아야 하고, 메니스커스를 형성하는 부분의 지름은 커야 한다)

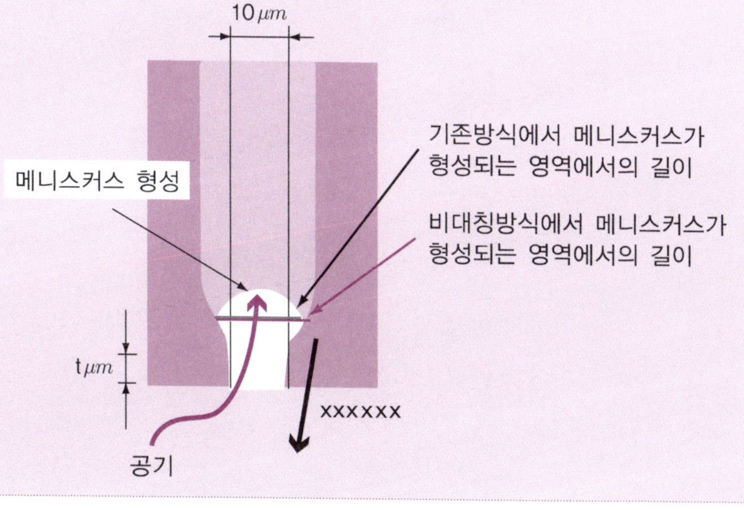

※ 모순 해결책

- 모순 2의 해결책: 메니스커스는 형성하기도 해야 하고, 형성하지 않기도 해야 한다.
  (공간분리: 액적이 토출되는 곳에는 메니스커스가 형성되어야 하지만, 좁은 직경을 가지는 노즐에서는 메니스커스가 형성되지 않아야 한다)

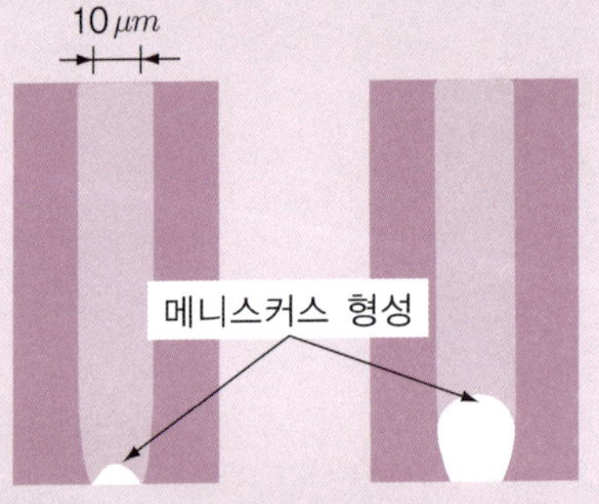

기존 방식으로 형성된 메니스커스

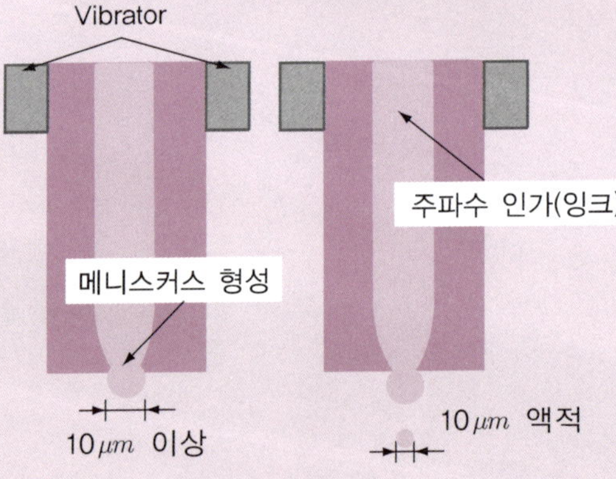

다른 방식으로 형성된 메니스커스

4.3.2 슬래그 침식으로 인한 고주파로 내부 온도 측정의 문제

고주파로 내부의 온도를 측정하는 열 감지 센서보호 튜브가 슬래그에 부식되는 문제가 있다. 4SPS 표준양식에 맞추어 문제를 단계별로 해결해 나가는 과정에 대한 설명이다.

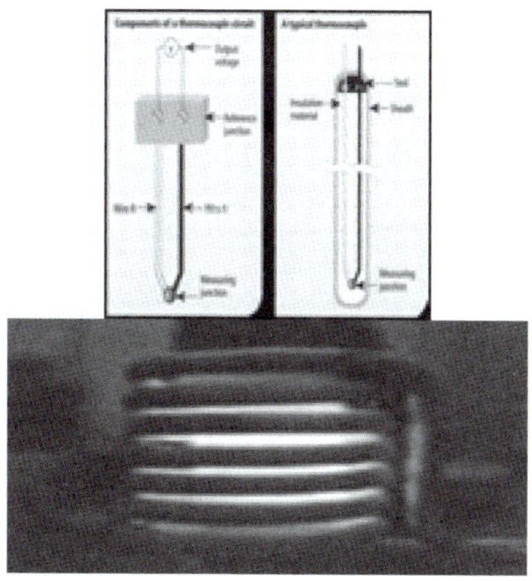

사례 4

슬래그 침식으로 인한 고주파로 내부 온도측정의 문제(기술 문제)

이　　름	×××
학과(학년)	대학원과정
제 출 일	2010.12.20

1단계(1-1): 경계영역 도식화(전반)

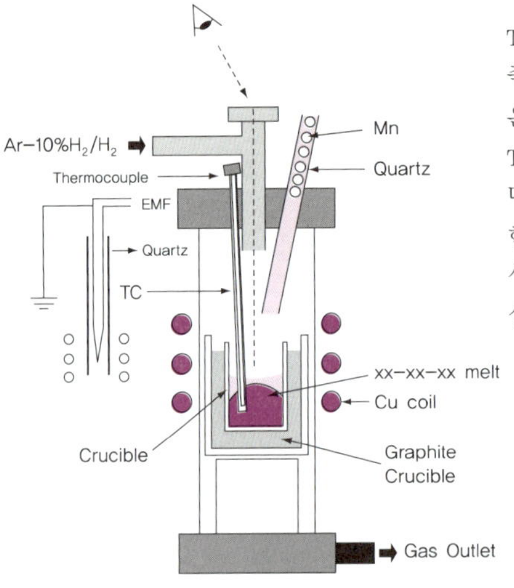

전형적인 실험 모습

Thermocouple(TC)를 용탕에 넣어 온도를 측정한다.

온도는 연속적으로 측정해야 한다.

TC는 알루미나(Al_2O_3) 보호 튜브를 사용한다.

현재는 다음 그림과 같이 TC를 용탕에 담궈서 실시간으로 온도를 측정한다.

실험 중 알루미나와 반응하는 slag의 경우는

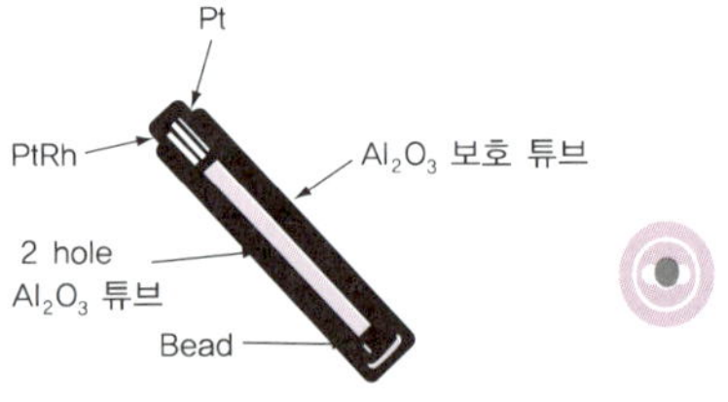

TC의 구조

1단계(1-2): 경계영역의 도식화(세부)

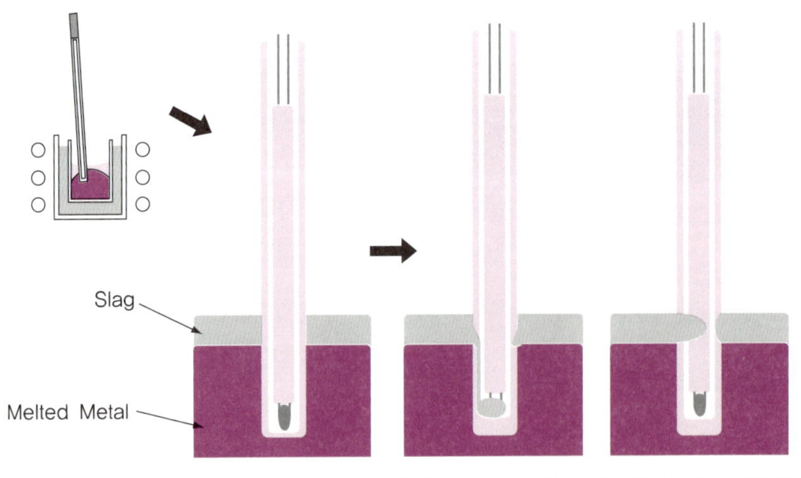

알루미나와 반응하는 slag의 경우 TC가 손상되므로 온도 측정을 못하는 문제

2단계(2-1): 시스템의 기능분석(경계영역 전반에 대한 기능)

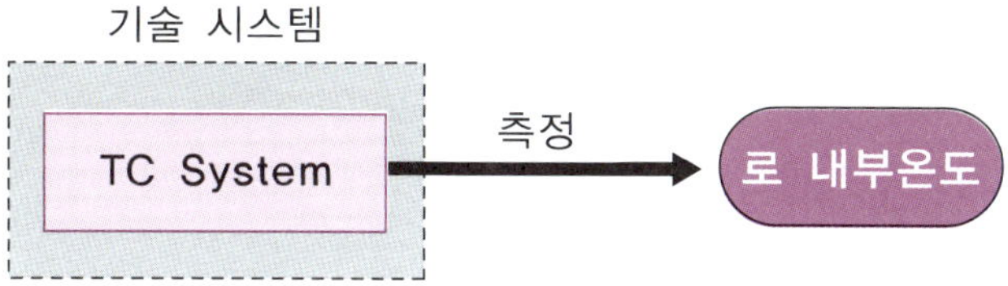

2단계(2-2): 시스템의 기능분석(경계영역 세부 요소에 대한 기능)

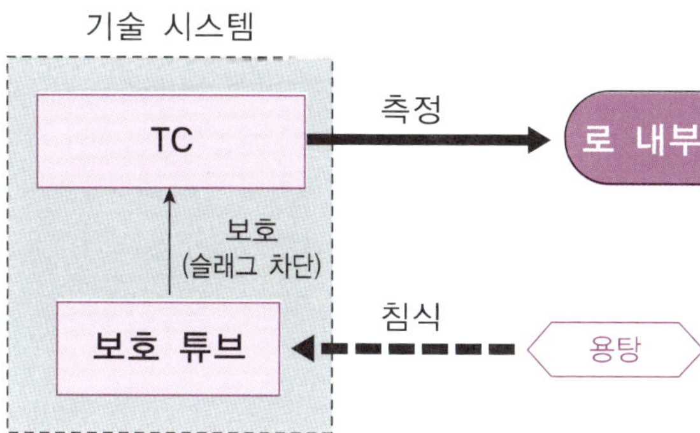

3단계: 모순 도출(2개)

- 모순 1: TC 보호 튜브는 slag와 닿아있어야 하고(온도측정을 위해 통과) 닿지 않기로 해야 한다(침식).
- 모순 2: TC 회로는 보호 튜브 안에 있어야 하고(측정) 밖에 있어야 한다(침식 시).

4단계: 모순분석(분리원리)

- 모순 1: TC 보호 튜브는 slag와 닿아있어야 하고 닿지 않기도 해야 한다.

분리원리	모순분석
1. 시간 분리	온도를 측정할 때는 보호 튜브가 slag에 닿아있어야 하고 침식될 때에는 닿지 않아야 한다.
2. 공간 분리	온도를 측정하는 부분은 닿아 있어야 하고 침식되는 부분은 닿지 않아야 한다.
3. 조건 분리	

- 모순 2: TC 회로는 보호 튜브 안에 있어야 하고 밖에 있어야 한다.

분리원리	모순분석
1. 시간 분리	온도 측정시에는 회로가 보호 튜브 안에 있어야 하고 보호 튜브가 침식되어 회로가 손상될 때는 밖에 있어야 한다.
2. 공간 분리	온도를 측정하는 부분은 안에 있어야 하고 침식되는 부분은 밖에 있어야 한다.
3. 조건 분리	

※ 모순 해결책

- **모순 1의 해결책:** 온도를 측정할 때에는 TC를 용탕에 넣어서 온도를 측정하고 침식될 때는 빼는 방법으로 실험을 진행한다. 하지만 이 방법은 연속적으로 온도를 측정할 수 없다.
- **모순 2의 해결책:** 온도를 측정하는 부분은 보호 튜브 내부에 있고 침식되는 것은 보호 튜브이므로 내부 회로의 위치를 고정하고 외부 보호 튜브를 일정하게 움직여 slag가 내부 회로에 닿지 않게 한다.

4.4 3SPS 적용 비기술문제해결(학부)

우리들 생활 주변에서 자주 접하는 일상적인 비기술문제이다. 전문적인 지식이 필요하지 않다. 문제의 대부분은 상식적으로 이해할 수 있는 생활 문제들이다. 처음 한 개 사례는 3단계로 문제를 해결하는 과정을 상세하게 설명한다. 나머지 문제들은 학생들의 중간고사 결과를 정리한 것으로 문제를 도출하고 해결책을 찾아가는 실제 사례들이다.

4.4.0 넓은 자동차 주차장을 확보하기 어려운 문제

기차마을과 심청마을로 유명한 전라남도 곡성군에서 해결책을 찾아 본 사례이다. 섬진강 기차마을은 지난 98년 전라선 복선화 공사로 발생한 구 전라선 17.9km 구간을 그대로 보존하여 기차를 테마로 하는 관광상품으로 개발하고자 추진하고 있는 관광 개발사업이다. 현재 구 곡성역에서 압록리까지 섬진강 협곡을 따라 전국 유일의 관광용 증기기관 열차를 운행하고 있다. 구 곡성역 구내를 철도공원으로 조성하였고 철길 위를 자전거로 달려 볼 수 있는 철로자전거를 운행하고 있다. 봄이면 많은 관광객들이 짧은 기간에 집중적으로 기차마을을 찾는다. 주차장이 절대 부족하다. 도로에 주차한 자동차로 인하여 교통이 마비되는 문제가 발생한다. 많은 군민들로부터 자동차 주차문제에 대한 민원이 접수되고 있다. 하지만 곡성군의 입장에서 큰 주차장을 마련할 수 없다. 이 문제를 실용트리즈의 비기술문제 해결 방법론으로 해결책을 찾아 가는 과정을 설명한다.

기차마을과 지도

1단계: 요소-상호관계도

주차장 문제에서 두 개의 요소와 하나의 상호관계를 찾아야 한다. 문제에서 요소1과 요소2는 담당부서와 기차마을이다. 상호관계는 두 요소들 사이의 관계로 담당부서와 기차마을을 사이에 두고 생기는 공간 확보이다. 먼저 두 요소와 상호관계를 결정해야 한다. 요소-상호관계 그림은 다음과 같다.

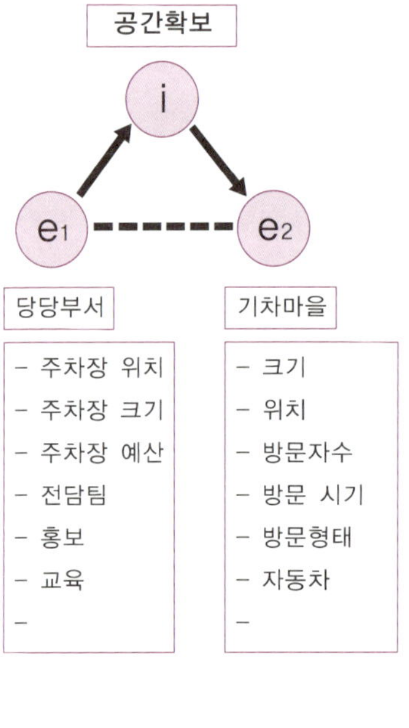

담당부서와 기차마을의 상호관계도

문제해결에 주체적인 역할을 하는 요소1은 담당부서이고 문제를 발생시키는 요소2는 기차마을이다.

요소 1에서 요소 2로 화살표가 나가는 형태이다. 왜냐하면 요소 1의 담당부서가 문제를 해결하는 주체적인 역할을 하기 때문이다. 요소 1(담당부서)에서 모순이 도출된다.

2단계: 모순도출

1단계 요소-상호관계도로부터 물리모순을 3개를 도출하는 과정을 설명한다.

- 물리모순 1: 주차장의 위치는 곡성군에서 가까워야 하고 멀어야 한다. 관광객들의 편리를 위하여 주차장의 위치는 기차마을과 가까워야 한다. 하지만 이 경우 군 내에 공간이 없고 땅 값이 너무 비싼 문제가 생긴다. 주차장 위치에 대한 명확한 물리모순이다.
- 물리모순 2: 큰 주차장은 있어야 하고 없어야 한다. 많은 자동차를 주차하기 위하여 큰 주차장이 있어야 한다. 하지만 이 경우 군 내에 많은 자동차를 주차할 수 있는 큰 공간이 없다. 주차장의 크기에 대한 명확한 물리모순이다.
- 물리모순 3: 주차장 예산은 많아야 하고 적어야 한다. 기차마을에 가깝고 큰 주차장을 마련하기 위하여 많은 예산을 편성하여야 한다. 하지만 현실적으로 많은 예산을 편성할 수 없다. 예산금액의 량에 대한 물리모순이다.

또 다른 모순도 있을까? 담당부서에 속하는 많은 다른 성분들이 있을 수 있다. 담당부서의 홍보, 교육, 팀원 등도 있다. 이런 것들은 문제해결을 위한 모순도출과 큰 상관이 없다. 담당부서에 속하는 많은 요소들이 있지만 실제로 공간 확보와 직접적으로 관련이 있는 요소는 제한적이고 이 중 일부에 모순이 걸리게 된다. 일단 모순이 도출되면 다음은 기술문제해결 과정과 동일한 단계로 해결책을 찾으면 된다.

3단계: 모순분석

물리모순은 분리원리를 적용하여 해결한다. 분리의 원리 중 시간분리와 공간분리를 적용하여 물리모순을 분석하면 다음과 같다.

- 물리모순 1의 분석

  주차장의 위치는 곡성군에서 가까워야 하고 멀어야 한다. 라는 모순을 시간과 공간적으로 분리시켜 분석한다. 시간분리는 관광객이 많은 기간은 주차장의 위치를 가까이 설치하고 나머지 기간은 먼 위치에 설치한다. 공간분리는 공간적으로 주차장은 군에서 멀리 떨어져 있지만 가까이 있게 한다. 접근성을 좋게 하여 관광객들이 불편하지 않게 한다. 또는 주차장을 분리시켜 특정 주차장은 곡성군 내에 설치하고 나머지는 먼 곳에 설치한다.

- 물리모순 2의 분석

  큰 주차장은 있어야 하고 없어야 한다. 라는 모순을 시간과 공간적으로 분리시켜 분석한다. 시간분리는 관광객이 많은 계절이고 시간은 큰 주차장이 있고 나머지 계절이나 시간에는 큰 주차장이 없다. 공간분리는 큰 주차장을 군에서 얼마간 떨어진 공간에 설치하고 복잡한 군 시가지에는 큰 주차장이 없다.

- 물리모순 3의 분석

  주차장 예산은 많아야 하고 적어야 한다. 라는 모순을 시간과 공간적으로 분리시켜 분석한다. 시간분리는 관광객이 많이 모이는 시기는 예산을 많이 편성하고 나머지는 예산을 적게 한다. 공간분리는 군의 모든 주차장 관련 예산 중 기차마을 주차장 예산을 많이 하고 나머지 다른 주차장의 예산은 줄인다.

4단계: 모순해결책

앞의 세 가지 물리모순분석의 결과에서 모순을 극복하는 해결책을 찾아보자.

① 물리모순 1의 주차장의 위치는 곡성군에서 가까워야 하고 멀어야 한다. 에 대한 시간분리 및 공간분리로부터 다음과 같은 생각을 할 수 있다. 실제 주차장의 위치는 군에서 멀리 떨어져 있지만 접근성은 좋게 하는 방안을 생각할 수 있다. 새로 설치하는 주차장을 기차마을의 기차선로와 연결시킨다. 실제 주차장의 위치는 기차마을에서 멀리 있지만 기차선로는 연결되어 있으므로 가까운 것으로 해석할 수 있다. 이 경우 관광객들은 자동차를 주차하고 곧 바로 기차를 타고 기차마을로 이동할 수 있다. 기차 승차 시 별도로 요금을 받을 수 있다. 주차문제를 해결할 수 있는 새로운 물리모순해결책으로 볼 수 있다.

② 물리모순 2의 큰 주차장은 있어야 하고 없어야 한다. 에 대한 시간분리로부터 다음과 같은 생각을 할 수 있다. 관광객들이 많이 모이는 특정 계절과 시간에는 큰 주차장을 설치해야 하는 것을 의미한다. 손님이 많은 시기에 임시 대형 주차장을 설치하면 된다. 시간 분리로부터 어디에 큰 주차장을 만들어야 하는 구체적인 해결책은 나오지 않는다. 모순에 대한 공간분리로부터 다음과 같은 보다 구체적인 생각을 할 수 있다. 군 외각에 대형 임시 주차장을 만들어 기차마을의 기차를 운행하게 한다. 관광객들은 쉽게 자동차를 주차 할 수 있고 기차를 타고 기차마을로 쉽게 이동할 수 있다. 이 경우 곡성군은 기차 탑승비를 별도로 받을 수 있기 때문에 보다 많은 수입을 얻을 수 있다. 현실적으로 적용이 가능한 아주 좋은 해결책으로 평가 되었다. 물리모순 1과 같은 의미이다.

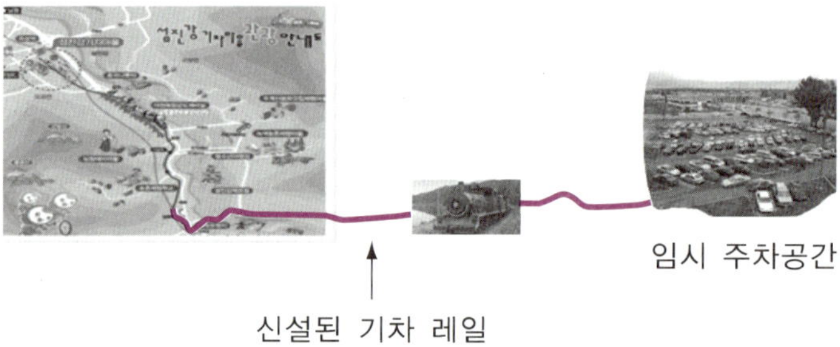

모순 해결책

임시 주차장과 행사장을 연결하는 기차레일을 신설한다.

③ 물리모순 3의 주차장 예산은 많아야 하고 적어야 한다. 는 오래 전부터 잘 알고 있는 일이다. 모순을 시간과 공간분리 등으로 분석하면 여러 가지 해결책을 생각할 수 있다. 하지만 우리들이 일상적으로 생각하는 것과 다른 새로운 해결책을 찾을 수 있게 하는 모순으로 보기는 어렵다. 모순해결책에 대한 실제 적용은 여러 가지 상황을 고려해야 한다. 예산, 긴급성 등 다양한 검토가 필요하다. 특히 비기술문제의 경우 실제 적용은 우선순위와 선택 단계에서 결정권자의 성향과 깊은 관련이 있다.

4.4.1 행인이 전단지를 길거리에 버리는 문제

행인들이 받은 광고 전단지를 길에 버리는 문제가 있다. 비기술 3SPS 표준양식에 맞추어 문제를 단계별로 해결해 나가는 과정에 대한 설명이다.

사례 5

행인이 전단지를 길거리에 버리는 문제(비기술 문제)

이 름	×××
학과(학년)	××××과(××학년)
수업시간	××××
전 화	×××-×××-××××
제 출 일	2009.06.××(×)

1단계(1-1): 요소-상호관계(전반)

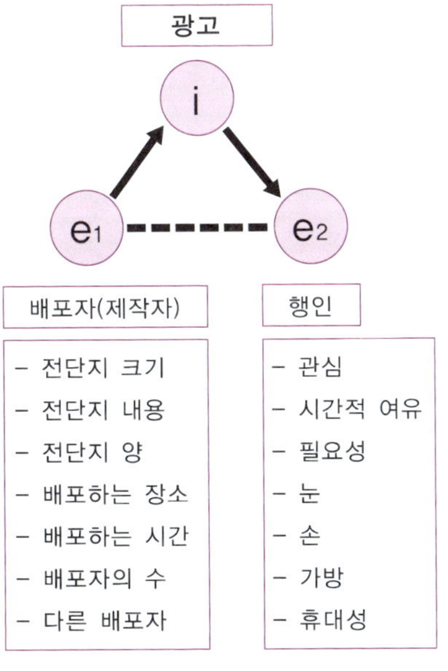

1단계(1-2): 요소-상호관계(문제영역)

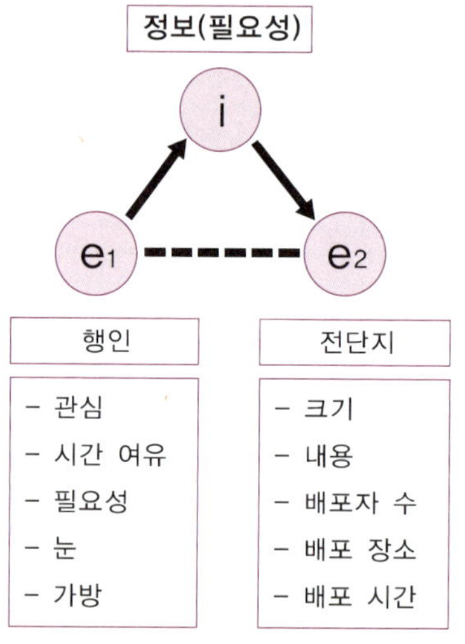

2단계: 모순 도출(2개)

- 모순 1: 전단지의 크기가 크기도 하고 작기도 해야 한다.
- 모순 2: 전단지의 내용이 많기도 하고 적기도 해야 한다.

3단계: 모순분석(분리원리)

- 모순 1: 전단지의 크기가 크기도 하고 작기도 해야 한다.

분리원리	모순분석
1. 시간 분리	전단지를 받을 때는 크기가 작아야 하고, 전단지를 볼 때는 크기가 커야 한다.
2. 공간 분리	전단지를 받는 장소(길거리)에서는 크기가 작아야 하고, 전단지를 보는 장소(길거리가 아닌 장소)에서는 크기가 커야 한다.
3. 조건 분리	휴대성을 가지기 위해서는 전단지의 크기가 작아야 한다.

- 모순 2: 전단지의 내용이 많기도 하고 적기도 해야 한다.

분리원리	모순분석
1. 시간 분리	시간적 여유가 있을 때는 내용이 많아야 하고, 시간적 여유가 없을 때는 내용이 적어야 한다.
2. 공간 분리	???
3. 조건 분리	전단지의 필요성이 높으면 내용이 많아야 하고, 전단지의 필요성이 낮으면 내용이 적어야 한다.

※ 해결책과 평가

- **모순 1의 해결책 및 평가:** 전단지를 받는 장소(길거리)에서는 크기가 작아야 하고 전단지를 보는 장소(길거리가 아닌 장소)에서는 크기가 커야 하는데 궁극적으로 휴대성을 갖기 위해 전단지의 크기는 작아야 한다. 이를 해결하는 방법은 전단지를 접어서 배포하거나 광고하려는 내용을 전단지가 아닌 노트나 다이어리 형식으로 배포하는 것이다.
- **모순 2의 해결책 및 평가:** 시간적 여유가 있을 때는 내용이 많아야 하고 시간적 여유가 없을 때는 내용이 적어야 하는 모순을 해결하는 방법은 다양한 정보저장매체 수단(CD, USB driver…)을 활용해 배포하는 것이다. 내용의 한계를 극복할 수 있고 동시에 실용적으로 활용할 수 있는 장점이 있다.

4.4.2 지하철 무료신문 수거 문제

지하철 승객들이 무료로 배포된 신문지를 열차의 선반에 버리는 문제가 있다. 비기술 3SPS 표준양식에 맞추어 문제를 단계별로 해결해 나가는 과정에 대한 설명이다.

사례 6

지하철 무료신문 수거 문제(비기술 문제)

이 름	×××
학과(학년)	××××과(××학년)
수업시간	××××
전 화	×××-×××-××××
제 출 일	2009.06.××(×)

1단계(1-1): 요소-상호관계(전반)

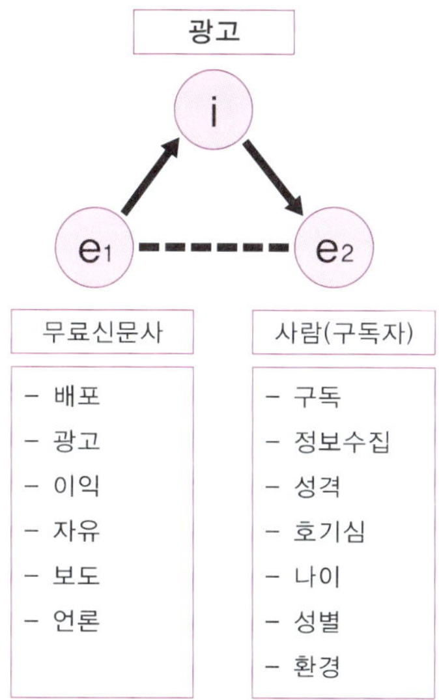

1단계(1-2): 요소-상호관계(문제영역)

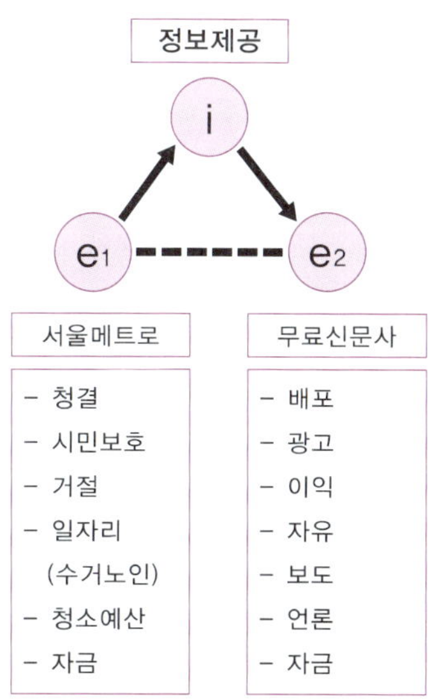

2단계: 모순 도출(2개)

- **모순 1:** 서울메트로는 시민을 위해서 수거노인을 단속해야 하고, 단속을 하지 말아야 한다.
- **모순 2:** 수거노인은 선반에 있는 신문을 수거해야 하고, 수거하지 말아야 한다.

3단계: 모순분석(분리원리)

- 모순 1: 서울메트로는 시민을 위해서 수거노인을 단속해야 되고, 단속을 하지 말아야 한다.

분리원리	모순분석
1. 시간 분리	서울메트로는 일정 시간(출퇴근 시간)에 수거노인을 단속한다.
2. 공간 분리	무료신문이 배포되는 지하철역에는 단속을 한다.
3. 조건 분리	수거노인들이 많아지면 단속을 한다.

- 모순 2: 수거노인은 선반에 있는 신문을 수거해야 되고 수거하지 말아야 한다.

분리원리	모순분석
1. 시간 분리	출퇴근 시간이외에는 손쉽게 수거할 수 있다.
2. 공간 분리	지하철 안에서 수거하지 못한다.
3. 조건 분리	서울메트로가 허락하면 수거할 수 있다.

※ 해결책과 평가

- **모순 1의 해결책 및 평가:**
  1. 출퇴근 시간에는 수거노인들이 못 들어가게 입구에서 단속하고 그 외의 시간에는 허용한다.
  2. 수거노인들에게 지하철의 시작지점과 종점지점만 신문을 수거할 수 있다고 허락한다.
  3. 따로 신문 수집함을 지하철 각 칸에 조그맣게 만들어 놓는다.
- **모순 2의 해결책 및 평가:** 수거노인들은 지하철 밖에서 포대를 들고 대기하여 신문을 수거한다.

제 5 장

팀별 기초 문제해결 실습

과정목표 실용트리즈를 적용하여 기초문제를 선택하고 해결책을 찾는 과정을 스스로 수행한다.

기대효과 임의의 문제에 트리즈를 적용하는 과정을 구체적으로 알 수 있다.

트리즈 교육에 참석한 많은 학생들은 창의성 자체에 대한 교육이 아니라 기업에서 사용 가능한 실용적인 창의성교육을 원한다. 특히 공대생들의 경우 기업의 기술문제 해결에 실제로 트리즈를 사용할 수 있는 교육과정을 강력히 원한다. 때문에 본 단원은 철저하게 학생들이 스스로 문제를 선택하여 해결책을 찾아가는 과정을 실습하는 형태로 진행된다.

5.1 3SPS 적용 문제해결 실습

5.1.1 문제해결 실습단계

실용트리즈의 3SPS로 단계별로 학생들이 팀별로 문제를 해결하는 실습을 하는 과정을 설명한다. 3단계 문제해결은 기초 문제해결 실습에 적합하다. 본 단원에서 실용트리즈의 각 단계에 맞추어 문제를 재 정의하고 모순을 찾고 모순을 근본적으로 해결하는 창의적인 해결책을 찾는 실습이 진행된다.

다음은 3단계로 해결책을 찾아가는 팀별 실습의 단계이다.

1. 기초 실습문제 10개 설명(교수)
2. 10개 중 한 개 문제를 팀별로 각각 선택(학생)
3. 3SPS에 맞추어 단계별 문제해결(학생)
    - 1단계: 경계영역의 도식화(문제의 재 정의)
    - 2단계: 모순도출
    - 3단계: 모순분석
4. 문제해결 과정과 결과에 대한 팀별 발표(학생)
5. 모순해결책의 평가(교수)

5.1.2 3SPS용 기초 실습문제

실습용 10개 기초문제는 다음과 같다. 2007년부터 2015년 현재까지 실용트리즈 교육에 사용하고 있는 실습문제들이다. 이해하기 쉽고 혁신적인 새로운 해결책들을 많이 찾을 수 있는 실용성이 검증된 문제들이다. 이 문제들을 3단계에 걸쳐 정상적으로 분석하면 특허출원 가능한 높은 수준의 해결책을 찾을 수 있다. 3SPS 단계에 맞추어 모순을 찾고 모순해결책을 찾아라.

1 여름에 의자에 앉으면 엉덩이에 땀이 생기는 문제가 있다. 실용트리즈의 3SPS의 단계에 맞추어 모순을 도출하고 문제를 해결하라.

2 긴 시간 동안 침대에 누워있는 와상환자에게 욕창이 생기는 문제가 있다. 실용트리즈의 3SPS의 단계에 맞추어 모순을 도출하고 문제를 해결하라.

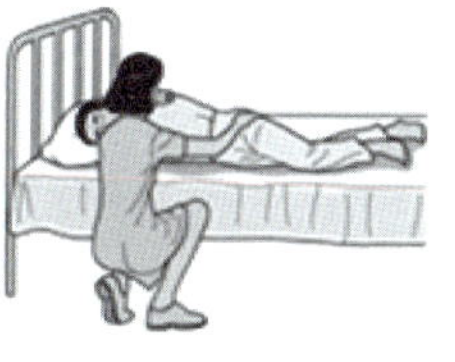

3 책장에 큰 책을 꽂기 어려운 문제가 있다. 실용트리즈의 3SPS의 단계에 맞추어 모순을 도출하고 문제를 해결하라.

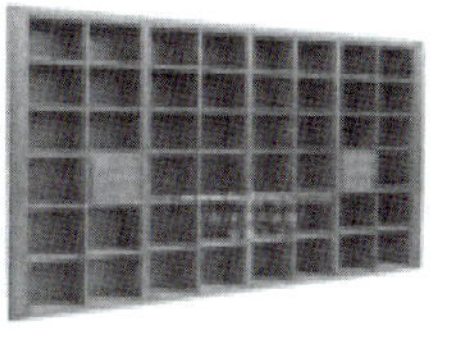

4 나의 알람 소리가 다른 사람을 깨우는 문제가 있다. 실용트리즈의 3SPS의 단계에 맞추어 모순을 도출하고 문제를 해결하라.

5 아파트 베란다 난간에 어린이가 올라가는 문제가 있다. 실용트리즈의 3SPS의 단계에 맞추어 모순을 도출하고 문제를 해결하라.

6 과속 방지턱으로 인하여 자동차가 파손되는 문제가 있다. 실용트리즈의 3SPS의 단계에 맞추어 모순을 도출하고 문제를 해결하라.

7 배수구에서 냄새가 올라오는 문제가 있다. 실용트리즈의 3SPS의 단계에 맞추어 모순을 도출하고 문제를 해결하라.

8 자동차 앞 필러가 운전자의 시야를 가리는 문제가 있다. 실용트리즈의 3SPS의 단계에 맞추어 모순을 도출하고 문제를 해결하라.

9 우산이 바람에 뒤집히는 문제가 있다. 실용트리즈의 3SPS의 단계에 맞추어 모순을 도출하고 문제를 해결하라.

10 불법 광고물을 벽에 붙이는 문제가 있다. 실용트리즈의 3SPS의 단계에 맞추어 모순을 도출하고 문제를 해결하라.

5.2 4SPS 적용 문제해결 실습

5.2.1 문제해결 실습단계

실용트리즈의 4SPS로 단계별로 학생들이 팀별로 문제를 해결하는 실습을 하는 과정을 설명한다. 4단계 문제해결은 3SPS에 기능분석을 추가한 것으로 복잡한 문제도 해결할 수 있다.

다음은 4단계로 해결책을 찾아가는 팀별 실습의 단계이다.

1. 기초 실습문제 5개 설명(교수)
2. 5개 중 한 개 문제를 팀별로 각각 선택(학생)
3. 4SPS에 맞추어 단계별 문제해결(학생)
   - 1단계: 경계영역의 도식화(문제의 재정의)
   - 2단계: 시스템의 기능분석

- 3단계: 모순도출
- 4단계: 모순분석

4. 문제해결 과정과 결과에 대한 팀별 발표(학생)
5. 모순해결책의 평가(교수)

5.2.2 4SPS용 기초 실습문제

3SPS에 기능분석을 추가하여 4단계로 문제를 해결하는 4SPS용 연습문제이다. 기능분석을 통하여 문제를 보다 본질적으로 이해하고 물리모순을 도식적으로 나타낼 수 있다. 이 문제들을 4단계에 걸쳐 정상적으로 분석하면 특허출원 가능한 높은 수준의 해결책을 찾을 수 있다. 4SPS 단계에 맞추어 모순을 찾고 모순해결책을 찾아라.

1 하이힐 뒤 굽이 배수구에 빠지는 문제가 있다. 실용트리즈의 4SPS의 단계에 맞추어 모순을 도출하고 문제를 해결하라.

2 운동화 끈이 쉽게 풀어지는 문제가 있다. 실용트리즈의 4SPS의 단계에 맞추어 모순을 도출하고 문제를 해결하라.

3 고무장갑을 끼면 습기 때문에 손이 빠지지 않는 문제가 있다. 실용트리즈의 4SPS의 단계에 맞추어 모순을 도출하고 문제를 해결하라.

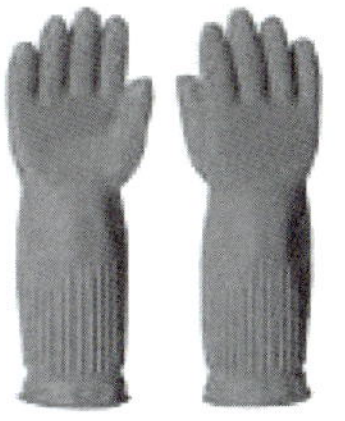

4 태극기가 깃대에 쉽게 말리는 문제가 있다. 실용트리즈의 4SPS의 단계에 맞추어 모순을 도출하고 문제를 해설하라.

5 마스크를 하면 안경에 서리가 생기는 문제가 있다. 실용트리즈의 4SPS의 단계에 맞추어 모순을 도출하고 문제를 해결하라.

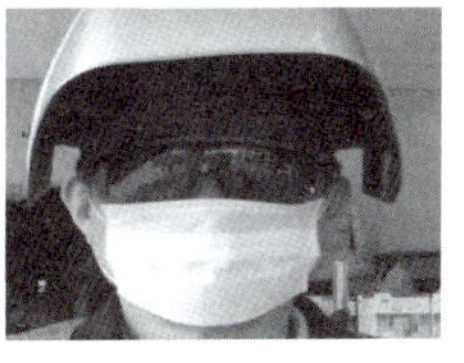

5.3 비기술문제해결 실습

5.3.1 비기술문제해결 실습단계

실용트리즈의 3SPS로 비기술문제를 학생들이 팀별로 해결하는 실습을 하는 과정을 설명한다. 기술문제해결의 3SPS의 경계영역의 도식화를 요소-상호관계도로 바꾸어 1단계를 진행한다. 비기술문제는 사람이 관계되기 때문에 기술문제 와는 다른 형태로 문제를 분석하여야 한다. 세부 내용은 3장의 비기술문제해결용 요소-상호관계에 있다.

다음은 3단계로 해결책을 찾아가는 팀별 실습의 단계이다.

1. 기초 실습문제 11개 설명(교수)
2. 11개 중 한 개 문제를 팀별로 각각 선택(학생)
3. 3SPS에 맞추어 단계별 문제해결(학생)
    - 1단계: 요소-상호관계(문제의 재 정의)
    - 2단계: 모순도출
    - 3단계: 모순분석
4. 문제해결 과정과 결과에 대한 팀별 발표(학생)
5. 모순해결책의 평가(교수)

5.3.2 비기술용 기초 실습문제

비기술문제를 학생들이 팀별로 해결하는 실습문제이다. 비기술용 3SPS 단계에 맞추어 모순을 찾고 모순해결책을 찾아라.

1 인터넷 접속으로 인하여 직원들의 업무 능률이 저하되는 문제가 있다. 실용트리즈의 비기술 문제해결 단계에 맞추어 모순을 도출하고 문제를 해결하라.

2 흡연공간 제한으로 인한 흡연자들의 불만 문제가 있다. 실용트리즈의 비기술문제 해결 단계에 맞추어 모순을 도출하고 문제를 해결하라.

3 학교 주변에 불법 전단지가 배포되어 버려지는 문제가 있다. 실용트리즈의 비기술문제 해결 단계에 맞추어 모순을 도출하고 문제를 해결하라.

4 수업 시간에 학생들이 잠을 자는 문제가 있다. 실용트리즈의 비기술문제 해결 단계에 맞추어 모순을 도출하고 문제를 해결하라.

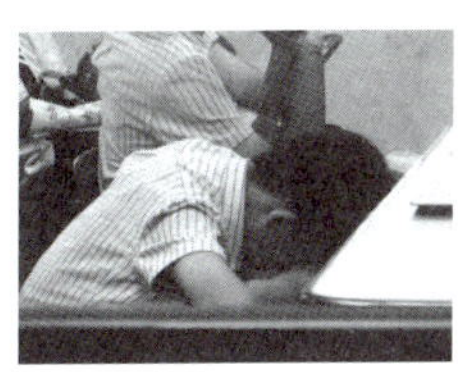

5 버려진 담배 꽁초로 인하여 화재가 발생 하는 문제가 있다. 실용트리즈의 비기술문제 해결 단계에 맞추어 모순을 도출하고 문제를 해결하라.

6 지하철에서 무료신문이 버려지는 문제가 있다. 실용트리즈의 비기술문제 해결 단계에 맞추어 모순을 도출하고 문제를 해결하라.

7 기숙사 식권을 기간 내 사용하기 어려운 문제가 있다. 실용트리즈의 비기술문제 해결 단계에 맞추어 모순을 도출하고 문제를 해결하라.

8 공대생들이 이성 친구를 사귀지 못하는 문제가 있다. 실용트리즈의 비기술문제 해결 단계에 맞추어 모순을 도출하고 문제를 해결하라.

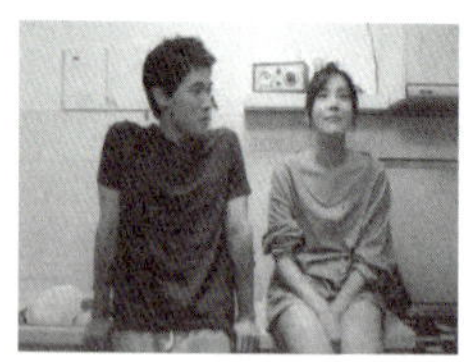

9 컴퓨터 게임으로 인하여 공부시간이 부족한 문제가 있다. 실용트리즈의 비기술문제 해결 단계에 맞추어 모순을 도출하고 문제를 해결하라.

10 동물원에서 동물을 가까이에서 보기 어려운 문제가 있다. 실용트리즈의 비기술문제 해결 단계에 맞추어 모순을 도출하고 문제를 해결하라.

11 졸업 후 취업이 어려운 문제가 있다. 실용트리즈의 비기술문제 해결 단계에 맞추어 모순을 도출하고 문제를 해결하라.

제 6 장

팀별 문제도출 및 해결 실습

과정목표 팀원들이 문제를 임의로 도출하여 팀별로 해결책을 찾을 수 있게 한다.

기대효과 학생들의 복잡한 문제들을 실용트리즈로 창의적으로 해결할 수 있다.

팀별로 문제를 도출하여 해결책을 찾아 가는 과정에 대한 설명이다. 다음은 해결책을 찾아가는 단계이다. 최소한 팀별로 도출한 3개 이상의 문제를 풀어보아야 한다. 다양한 문제를 단계별로 많이 풀어보아야 한다.

6.1 3SPS 적용 기술문제도출 및 해결

먼저 각 팀별로 3개 정도의 기초문제를 스스로 도출하고 3단계에 맞추어 다음과 같이 풀어본다.

1. 실습용 문제 도출(팀별)
2. 팀별로 도출문제 설명(팀별) 및 평가(교수)
3. 3SPS에 맞추어 단계별 문제해결(학생)
   - 1단계: 경계영역의 도식화(문제의 재 정의)
   - 2단계: 모순도출
   - 3단계: 모순분석
4. 문제해결 과정과 결과에 대한 팀별 발표(학생)
5. 모순해결책의 평가(교수)

6.2 4SPS 적용 기술문제도출 및 해결

각 팀별로 2개 정도의 새로운 문제를 스스로 도출하고 4단계에 맞추어 풀어본다. 2단계 기능분석을 제외하고 3SPS와 동일하다. 기능분석이 어렵다. 때문에 많은 시간동안 문제를 구성하는 요소들의 기능의 관계를 분석하고 기능분석도로 나타내어야 한다. 기능분석도는 기술시스템의 요소, 목표대상, 환경요소 및 유익한 기능과 유해한 기능의 화살표를 잘 구분하여 작성하여야 한다. 전체 진행은 3SPS와 유사하게 진행한다.

6.3 비기술 문제도출 및 해결

각 팀별로 2개 정도의 비기술 기초문제를 스스로 도출하고 3단계에 맞추어 풀어본다. 본 단원은 학생들의 전공이 이공계열이 아닌 경우 기술문제를 줄이고 비기술 문제를 보다 많이 풀어보는 것이 좋다. 전체 진행은 3SPS와 유사하게 진행한다.

6.4 결과발표(팀별) 및 평가(교수)

모순을 해결하는 각각의 해결책들을 팀별로 정리하여 발표한다. 발표 내용에는 문제를 해결하는 각각의 단계와 모순의 도출 및 분석과정을 설명한다. 해결책이 모순을 극복하는 창의적인 것인지를 평가한다.

다음은 각 단계별 핵심 평가 내용이다.

1. 문제의 제목은 명확하게 하였는가?

2. 문제를 단계별로 일관성 있게 3단계 또는 4단계로 분석하였는가?
   - 문제를 일으키는 경계영역의 도식화는 정확한가?
   - 기능분석도의 각 요소의 기능의 표시가 올바른가?
   - 각 문제로부터 2개 정도의 모순을 찾았는가?
   - 각 모순을 시간 · 공간적으로 잘 분석하였는가?
3. 문제에서 도출한 모순에 대한 해결책을 찾았는가?

제 7 장

대학 트리즈 교육 활성화 방안

과정목표 대학교육에 실용트리즈를 정착시키기 위한 구체적인 단계를 알 수 있다.

기대효과 실용적인 문제해결교육으로 차별화된 교육환경을 대학에 짧은 기간에 만들 수 있다.

7.1 국내 트리즈 교육 현황

국내 많은 공과대학들은 공학인증을 위한 필수 과목으로 창의력을 높이는 교육이 필요하다. 이 과목으로 창의공학설계입문이 있다. 트리즈를 채택하기 이전에는 주로 일반 창의성으로 브래인스토밍이나 발명관련 과목의 형태로 창의성 교육을 하였다. 하지만 이들 교육에 대한 평가는 아주 낮았다. 특히 이들 교육의 결과는 실용적이지 않았다. 구체적인 창의성교육 과목을 발굴하지 못하였기 때문에 여러 가지를 결합한 형태로 수업이 진행되었다.

2005년 이후 국내 여러 대학교들이 '실용트리즈' 책을 교재로 하여 트리즈를 한 학기 과목으로 강의하고 있다. 저자는 2005년부터 여러 대학에서 실용트리즈를 교육하여 오고 있으며, 대표적인 대학으로 한양대학교와 한국기술교육대학교, 한국산업기술대학교 등에서 실용트리즈를 강의하였다. 2015년 현재 국내 많은 대학 특히 공과대학에서 트리즈를 정규 과목으로 선택하고 있다. 학부 한 반의 적정 인원은 약 30명 정도이다. 대학원의 경우 20명 이내이다. 많은 다양한 학과의 학생들이 실용트리즈 과목을 수강한다. 공과대학 전체학과는 물론이고 순수과학이나 비기술 관련 학과들의 학생들이 전체 인원의 약 40% 정도를 차지한다. 경영학, 영문학, 디자인 등의 학생들도 실용트리즈 수업에서 높은 학점을 이수하고 있다. 특별하게 이공계열의 학생들이 수업의 내용을 잘 이해하는 것도 아니다. 학점은 학과나 학년 성별에 무관하다. 수강 학생의 40% 이상이 여학생이고 70% 정도는

4학년 나머지는 3학년 학생들이다. 수업에 대한 학생들의 만족도는 아주 높은 것으로 평가되고 있다. 수업 내용을 학보 신문에 보도할 정도로 학교 측의 관심도 높다. 이 책의 부록에 실용트리즈 관련 학생들의 평가와 대학 신문 내용이 있다.

7.2 실용트리즈 강의 진행

대부분 한 학기 2학점 또는 3학점으로 정식 학과 과목의 형태로 진행되었다. 한 학기 동안 매주 2시간에서 3시간 수업이 진행되었으며, 학부생의 경우 실용트리즈 3단계까지 수업 내용이 중간고사 범위이고 4단계 내용은 기말고사 범위였다. 모든 학생들의 평가는 실제 학생들의 개인문제를 실용트리즈의 단계에 맞추어 해결책을 찾은 것으로 하였다. 대학생들이 직접 실용트리즈로 모순을 찾아 해결한 문제의 제목들(약 210개)이 이 책의 부록에 있다. 처음 실용트리즈를 강의하는 분들에게 도움이 될 것으로 생각된다. 우리의 생활주변에 있는 우리들이 인식하지 못한 많은 문제들을 학생들이 찾은 좋은 사례들이다. 트리즈에서 가장 중요한 것은 문제 자체를 해결하는 능력 보다 다른 사람들이 인식하지 못하는 문제를 찾아내는 능력이다. 한 학기 동안 수업을 통하여 학생들의 문제인식 능력은 놀라울 정도로 높아졌다. 왜(?) 트리즈를 학교에서 교육해야 하는가에 대한 답이다. 실용트리즈 수업에서 해결한 많은 문제들은 공과대학 학생들의 창의설계 과제나 졸업작품으로 선정되어 실제로 제품을 만들고 있다.

2006년 이후 저자의 실용트리즈 수업에서 현재까지 학생들이 해결한 문제는 1,000개 이상이다. 대학원의 경우 석사 또는 박사학위 테마 또는 현재 연구 중인 과제에서 발생되는 문제를 실제로 해결하였다. 대학원생들의 문제해결의 과정은 논문으로 발표되기도 하고 특허로 출원되어 실제 기업에서 적용되었다. 실용트리즈 수업을 수강하는 대학원생들은 국가연구기관이나 기업연구소에 근무하는 사람들이 많이 있다.

7.3 대학 트리즈 교육 전문가

현재 트리즈를 정식과목으로 사용하고자 하여도 적당한 교재가 없다. 현재 국내 출간된 트리즈 책들은 대학교 교재로 사용하기에는 어려운 점이 많다. 또한 교수들이 트리즈를 공부할 수 있는 교재와 교육의 기회가 적다. 때문에 저자는 대학교육용 맞춤형 트리즈 교재를 만들게 되었다. 이 책을 사용하면 쉽게 한 학기 트리즈 교육을 교수님들이 채택할 수 있다. 이 책은 본 교재와 연습문제 해설서와 파워포인트 및 동영상 자료로 되어 있다. 때문에 트리즈를 강의하고자 하는 교수님들은 3일(24시간) 실용트리즈 교육으로 한 학기 수업을 비교적 쉽게 할 수 있다. 실용트리즈 수업을 통하여 본 교재의 설명과 연습문제 해설서 및 관련 동영상을 활용할 수 있다. 2006년 이후 200명 이상의 여러 대학 교수님들이 실용트리즈 교육을 받고 실용트리즈 과목을 대학에서 강의하고 있다. 한 학기 트리즈 과목을 강의하는 교수님도 있고 부분적으로 전공이나 창의 설계 과목에 트리즈를 결합하여 강의하고 있다. 여러 교수님들로부터 트리즈 수업이 학생들에게 좋은 평가를 받는 것으로 알고 있다.

7.4 트리즈 인증서

실용트리즈를 수강하는 많은 학생들은 트리즈 인증서를 신청하고 있다. 국내 대기업에서 실용트리즈를 교육 받은 학생들을 높이 평가하고 있다. 입사 지원서의 자격항목에 트리즈가 별도로 들어 있다. 때문에 많은 실용트리즈 수강학생들은 한국트리즈 협회의 '트리즈 인증서'를 신청하고 있다. 전국적으로 2수준 이나 1수준 트리즈 인증서를 받은 학생들은 2,000명 이상이다.

한국트리즈 협회에서 학생들의 문제해결 결과를 심사하여 인증서를 공식적으로 발급하게 된다. 실용트리즈 교육 및 컨설팅을 통하여 2,500명 정도의 사람들이 한국트리즈협회의 트리즈인증서를 받았다. 대학생들이 가장 많이 인증서를 받았다. 많은 대학생들은 대기업 취업에 트리즈인증서가 필요한 것으로 생각하고 있다.

현재 진행되고 있는 외부전문가에 의한 대학의 트리즈 교육으로는 한계가 있다. 체계적인 트리즈 교육을 위하여 반드시 대학에서 강의를 담당하는 교수들이 학생들을 가르쳐야 한다. 이를 위하여 대학교수를 위한 트리즈 교육이 한국트리즈학회에서 2011년, 2015년 트리즈학회 학술발표 기간 동안에 공개적으로 진행되었다. 현재 트리즈를 강의하는 여러 교수들은 3수준 트리즈 인증서를 가지고 있다. 많은 경우 한국트리즈 협회에서 발급받은 3수준 트리즈인증서이다. 방학 기간에 트리즈 교육을 받고 일정 수준의 문제를 트리즈로 해결할 수 있을 경우 대학에서 한 학기 트리즈 수업을 진행할 수 있다. 2수준 인증 이후 1.5년 정도 대학에서 트리즈 수업을 진행할 경우 3수준 트리즈 인증을 신청할 수 있다. 다음은 한국트리즈협회의 인증 신청서 예이다.

<table>
<tr><td></td><td colspan="4">(x 수준)인증서 신청서</td></tr>
<tr><td rowspan="4">사진</td><td rowspan="2">성 명</td><td rowspan="2">×××</td><td></td><td></td></tr>
<tr><td>생년월일</td><td>년 월 일(양)</td></tr>
<tr><td>연락처</td><td colspan="3">전화:
E-mail: 홈페이지:</td></tr>
<tr><td>주소(집)</td><td colspan="3"></td></tr>
</table>

<table>
<tr><td>년 월</td><td>트리즈 관련 실적(교육참여, 강의/컨설팅, 학술활동, …)</td><td>근거자료</td></tr>
<tr><td></td><td>예:
- 실용트리즈 40시간 교육(강사: 김호종)
- ××× ××× 현업 문제해결 실적
- 교육 실적</td><td>첨부자료 참조</td></tr>
<tr><td></td><td>예:
- 실용트리즈 세미나(김호종, 한국트리즈협회)
- 트리즈 사내 연구회 활동
- 트리즈 강의</td><td>첨부자료 참조</td></tr>
<tr><td></td><td>학력 및 일반경력(주요 내용)</td><td></td></tr>
<tr><td></td><td></td><td></td></tr>
<tr><td>기타</td><td></td><td></td></tr>
<tr><td colspan="3">위에 기재한 사항은 사실과 틀림이 없음.
20xx년 ××월 ××일
성명 × × ×</td></tr>
</table>

참고문헌

1. 김호종 저, 실용트리즈의 창의성 과학, 두양사, 2007
2. 조형희 외 1명 역, 트리즈, 현실과미래, 1998
원저: Altshuller Genrich, And Suddenly the Inventor Appeared
3. 박성균 외 트리즈연구회 역, 이노베이션 알고리듬, 현실과미래, 2002
원저: Altshuller Genrich, Innovation Algorithm
4. G. G. Altshuller, Creativity as an Exact Science
5. 김호종 저, 현업문제해결사례 실용트리즈

용어해설

- 모순(contradiction): 하나의 기술적 체계 속에 모순이 되는 조건들이 있는 상태이다. 역설, 모순 어법(oxymoron) 이라는 말과 비슷한 의미이다.
- 기술적 모순(technical contradiction): 체계의 어떤 부분의 개선이 다른 부작용을 초래하는 상황이다.
- 물리적 모순(physical contradiction): 체계의 어떤 구성 요소가 반대되는 두 가지의 조건을 동시에 충족시켜야 하는 상태 이다.
- 모형(model): 문제 속에 구성 요소 중에 두 개의 요소를 선택 하여 모형을 구성한다. 모형을 구성하는 데에는 원칙이 있다. 모형에는 항상 대상(Product) 과 도구 (Tool)가 있다. 도구는 대상에 작용하고, 대상을 변형시키는 역할을 한다. 모형을 구성하고, 그 속에서 모순을 찾아내고, 찾아낸 모순을 극복하는 것이 아리즈의 중요 부분이다.
- 물질-장(S-Field): 어떤 체계 속에 들어 있는 물질(substance)과 장(field)의 상호 관계를 말한다.
- 물질-장 분석(S-Field Analysis): 문제의 모형화를 위한 트리즈 고유의 분석 방법이다. 물질-장 분석에는 세 가지 과정이 포함 된다.
- 시행착오식 방법론(the method of “trial and error”): 문제해결에 대한 논리적인 이론 체계 없이 해결책이 될 수 있는 것들을 하나하나 분류하고 가려내는 방법론이다. 특출난 직관을 가진 사람들에게는 좋은 방식일지 모르나, 보편적이고 과학적인 방법론이라고 할 수 없다.
- 실용트리즈(Practical TRIZ): 실용트리즈의 체계는 2004년 개발되었다. 2006년 이후 실용트리즈는 기업의 복잡한 현업 문제들을 수 백 개 이상 해결

하여 오고 있다. 많은 기업, 연구기관 및 대학 등에서 실용트리즈 교육 및 컨설팅이 진행되었다. 2011년 현재 실용트리즈는 많은 사람들이 현업문제해결에 실제로 사용하는 새로운 방법론이 되었다. 실용트리즈는 기존 트리즈의 많은 방법론 중 일부만 사용한다. 실용트리즈의 문제해결은 철저히 단계별로 진행된다. 3단계 문제해결(3SPS)은 1단계는 경계영역의 도식화, 2단계는 모순도출 3단계는 모순분석이다. 복잡한 문제의 경우 4단계로 문제를 해결한다. 4단계는 3단계에 기능분석을 추가한 것으로 강력한 문제해결 능력을 가진 것으로 평가되고 있다.

- 이상적인 최종 결과(IFR; Ideal Final Result): 문제해결에 도달하기 위한 방법론으로서, 동화에서나 가능한 이상적 결과를 상상해 보는 것 이다. 이 방법론으로 문제해결의 실마리를 발견하는 것과 고정 관념에서 심리적으로 탈출하는 것이 가능하다.
- 연산자 STC(Operator STC): 주어진 체계에 대한 크기, 시간, 비용의 축소와 확대에 대해 자유로운 상상의 날개를 펴 보는 방법론 이다. 이방법론으로도 이상적인 최종 결과와 마찬가지로 문제해결의 실마리를 발견하는 것과 고정관념에서 심리적으로 탈출하는 것이 가능하다.
- 아리즈(ARIZ): 창의적 문제해결 연산법(Algorithm of Solving Inventive Problems)의 러시아어 약자이다. 아리즈는 문제해결 이론을 연산적인 형태로 엮어 놓은 것이다. 이 과정은 모두 7단계로 구성되어 있다.
- 창의적 문제(inventive problem): 그 속에 모순이 들어 있고, 아직 해결되지 않은 문제를 말한다. 독창적인 문제라는 뜻의 일반적인 의미와 구분해야 한다.
- 체계(system): 일이나 부품이 모여서 이루는 단위이다.1 예를 들자면, 엔진, 타이어 등은 자동차라는 체계를 구성한다.
- 트리즈(TRIZ): 이것은 GPS리 알트슐러라는 러시아 발명가가 거의 50년간에 걸친 연구를 통해 개발한 창의적 문제해결 이론의 러시아어 약자이다. 특히 기술적 문데 해결에 있어서 연산적 방법론을 사용하는 것이 특징이다.

부록

1 실용트리즈 적용 문제해결 제목

다음은 실용트리즈 적용 문제해결 사례(제목)에 대한 제목이다. 실용트리즈로 많은 다양한 현업의 문제들을 풀어본 사례들의 일부이다. 대학 및 대학원에서 풀어본 문제해결제목 위주로 정리한 것이다. 트리즈에서 가장 중요한 것은 트리즈의 지식이 아니다. 많은 지식보다 트리즈를 적용한 문제해결 실습이 더 중요하다. 실용트리즈는 자신의 문제해결에 실제로 사용할 수 있는 트리즈이다. 아래 적용사례들의 제목은 실용트리즈 실습에 좋은 참고가 될 것으로 보여 진다.

1. 대학생 도출문제

1. 아파트 단지에 있는 과속방지 턱이 높은 문제
2. 마스크 사용 시 안경에 성에가 끼는 문제
3. 자동차 매트에 먼지가 많이 붙는 문제
4. 책을 꽂으면 책장 뒤면 판이 파손되는 문제
5. 알람시계가 나를 깨우지 못하는 문제
6. 신발의 뒷부분이 빨리 닳는 문제
7. 칼에 손이 베이는 문제
8. 먼지로 인한 컴퓨터 내부 발열 문제
9. 휴대폰 소형화로 목소리가 크지는 문제

10. 우산이 바람에 뒤집히는 문제
11. 식사 후 도시락 통의 휴대 문제
12. 풍력발전기 소음 문제
13. 수업 중 출입문을 통한 소음 유입 문제
14. 패스트푸드 음식 배달 시 누수 문제
15. 휴대폰 액정 사이로 먼지가 들어가는 문제
16. 자동차 범퍼로 인하여 다리가 부러지는 문제
17. 가로 본능 힌지가 중간에 걸리는 문제
18. 매너모드 상태 중 휴대전화 진동소음 문제
19. 교차로 직진 차량과 좌회전 차량의 충돌 문제
20. 도서관에서 하이힐 굽 소리가 나는 문제
21. 자동문 센서의 인식 불량으로 인한 충돌 문제
22. 횡단보도 우회전 차량과 보행자간 사고 문제
23. 교통카드 잔액의 여부를 알 수 없는 문제
24. 풍력발전기의 날개가 돌풍에 부서지는 문제
25. 키보드 서랍 턱이 손목에 피로를 증가하는 문제
26. 유모차가 비탈길에서 굴러 내려가는 문제
27. 샤프심의 끝 부분을 사용하지 못하는 문제
28. 이어폰을 들을 때 외부 소리를 듣지 못하는 문제
29. 볼펜의 볼이 충격으로 들어가는 문제
30. 운동화 공기구멍으로 물이 들어오는 문제
31. 옆으로 누울 경우 안경 유리의 위치가 변하는 문제
32. 하이힐이 발을 아프게 하는 문제
33. 자전거 잠금 장치가 쉽게 파손되는 문제
34. 우산을 써도 바지가 젖는 문제
35. 독서대의 나사못이 풀어지는 문제

36. 신용 카드 사용이 쉬워 돈을 많이 낭비하는 문제
37. 자동차 상향 등 사용 시 눈이 부시는 문제
38. 바람이 불면 바지가 젖는 문제
39. 지하철 손잡이의 위치가 높은 문제
40. 잃어버린 휴대폰을 찾기 어려운 문제
41. 유모차를 타면 애기가 엄마 얼굴을 보기 어려운 문제
42. 노트북의 열이 한 곳으로 집중 배출되는 문제
43. 컴퓨터에 꼽아둔 USB를 분실하는 문제
44. 과속 방지 턱의 높이가 너무 높은 문제
45. 통조림 따개의 고리가 떨어지는 문제
46. 책상 모서리 부분의 표면이 파손되는 문제
47. 선글라스 착용 시 시야가 어두운 문제
48. 엘리베이터 문이 물체가 부딪친 후 열리는 문제
49. 발목 양말이 아래로 말려 내려가는 문제
50. 철문을 닫을 때 소리가 크게 발생하는 문제
51. 하수구에 머리카락이 걸리는 문제
52. 피부 트러블이 있는 여자가 화장을 해야 하는 문제
53. 도서관 쪽 문 앞에서 담배를 피우는 문제
54. 펌프형 내용물을 끝까지 사용하지 못하는 문제
55. 믹서기의 모터에 음식물이 들어가는 문제
56. 자전거를 쉽게 잊어버리는 문제
57. 고무장갑 내부에 습기가 차는 문제
58. 소극장의 티켓 덤핑 판매로 초대권 남발 문제
59. 무인 카메라가 얼굴을 찍지 못하는 문제
60. 관심 없는 사람에게 광고가 나가는 문제(광고판)

61. 자동차용 GPS 설치 공간 문제
62. 눈의 무게로 인하여 해가림 시설이 무너지는 문제
63. 경첩 이 붙은 문의 틈에 손가락이 끼는 문제
64. 스마트폰 이송용 로봇을 움직이기 어려운 문제
65. 휴대전화기의 진동이 다른 사람에게 전달되는 문제
66. 용변 볼 때 물이 튀는 문제
67. 귀마개 착용으로 인한 이상 소음 감지가 어려운 문제
68. 과속 방지턱으로 인한 차량 파손문제
69. 하수구의 물이 빠지지 않는 문제(머리카락 막힘)
70. 자동차 진입을 막는 볼라드에 사람이 부딪치는 문제
71. 통 속에 들어 있는 양념이 굳는 문제
72. 지하철의 개찰구가 좁은 문제
73. 운동화의 뒷굽이 빨리 닳는 문제
74. 보행자 신호등을 연속적으로 눌러 차가 막히는 문제
75. 햄버거의 내용물이 흘러나오는 문제
76. 수업 중 휴대폰 진동 문제
77. USB를 분실하는 문제
78. 모자가 머리카락을 눌러는 문제
79. 귀마개 착용으로 인한 의사소통 문제
80. 화장실 바닥이 미끄러운 문제
81. 여러 카드가 동시에 인식되는 문제(버스카드)
82. 거울에 김이 서리는 문제
83. 이불이 진공 청소기에 붙는 문제
84. 그릇의 손잡이가 뜨거운 문제
85. 멸균기 뚜껑 열림 시 열기에 의한 화상 문제

86. 다리미가 옷을 태우는 문제
87. 버스가 높아 타기 어려운 문제
88. 공항에서 짐을 철저히 검색하기 어려운 문제
89. 도심 노점상의 면적이 큰 문제
90. 창문용 블라인드 줄이 엉키는 문제(두 가지 줄)
91. 거울에 김이 서려 얼굴이 보이지 않는 문제
92. 가전용품의 부품을 교체하기 어려운 문제
93. 자동차 세차 시 물이 버려지는 문제
94. 샴푸 등의 세제를 담는 용기가 버려지는 문제
95. 컴퓨터 인터넷 연결선의 고정부가 부러지는 문제
96. 그릇 손잡이가 불에 녹는 문제
97. 자동차 바닥 매트의 청소 문제(오염 포함)
98. 커튼(블라인드 포함)를 접고 펴기 어려운 제
99. 블라인드 동작 시 소음 문제
100. 블라인드를 청소하기 어려운 문제
101. 유골함을 보관하기 어려운 문제
102. 건물 바닥 먼지(때) 제거가 어려운 문제
103. 커튼의 부피가 너무 큰 문제
104. 블라인드가 자주 고장이 생기는 문제
105. 불법차량(차로, 주/정차 위반)단속이 어려운 문제
106. 야외에서 노래 부르기 어려운 문제
107. 이어폰 사용 시 고막이 손상되는 문제
108. 중국 짝퉁 제품이 많은 문제
109. 지갑을 휴대하기 불편한 문제
110. 열쇠를 휴대하고 다니기 불편한 문제

111. 행주에 세균이 번식하는 문제
112. 에어컨에서 응결된 물이 버려지는 문제
113. 바다 밑바닥까지 훑는 저인망 어업의 문제
114. 도심에 있는 불법 광고물 문제
115. 열차(버스 포함) 팔걸이가 출입에 방해 되는 문제
116. 식탁이 넓은 공간을 차지 하는 문제(작은 집)
117. 사무실 밀대 걸레에서 냄새가 나는 문제
118. 피자 피(빵 부분)가 딱딱한 문제
119. 돈가스의 고기가 단단한 문제
120. 방충망으로 소음이 들어오는 문제
121. 세면대의 물이 버려지는 문제
122. 교실의 냉방 효과가 균일하지 못한 문제
123. 문틈에 있는 먼지를 제거하기 어려운 문제
124. 지우개의 가루를 처리하기 어려운 문제
125. 고기 구이용 석쇠로 불이 올라오는 문제
126. 팩 내의 액체가 남는 문제(겔포스 위장약)
127. 비오는 날 우산을 쓴 사람이 보이지 않는 문제
128. 포도 포장 이송 중 터지는 문제
129. 비행기 날개의 마찰 문제
130. 어린 새가 하늘을 날기 어려운 문제
131. 건물 벽으로 열이 나오는 문제
132. 슬리퍼가 쉽게 찢어지는 문제
133. 슬리퍼에 물기가 남아 있는 문제
134. 조개 찾기 도구를 끌기 어려운 문제
135. 귀중한 화석의 내부를 보기 어려운 문제

136. 로드킬로 죽은 동물의 사체 문제(2차 로드킬 측면)
137. 목조 문화재 파손 흰개미 퇴치 문제
138. 하수구에서 냄새가 올라오는 문제 (공장)
139. 바지에 소변이 묻는 문재(소변기에서)
140. 컴퓨터 통신 연결부가 빠지는 문제
141. 버스 휴게소 10분 정차 시 도난 문제
142. 접착 테이프가 떨어진 후 손에 달라 붙는 문제
143. 회사 홈 페이지에 방문자가 적은 문제
144. 온라인 정보 업체에 방문자가 적은 문제
145. 온라인 검색 업체의 수입(매출) 문제
146. 온라인 업체의 광고 문제
147. 양치질 시 치약이 잘 녹지 않는 문제
148. 치약은 리필이 어려운 문제
149. 윗몸 일으키기에서 발을 고정하기 어려운 문제
150. 여름에 휴대폰 전화 통화 시 열이 나는 문제
151. 겨울에 휴대전화 통화 시 찬 문제
152. 복잡한 도로에서 우산이 서로 부딪치는 문제
153. 버스의 빈 좌석 수를 미리 알기 어려운 문제
154. 내가 가는 방향의 교통량을 알지 못하는 문제
155. 버스가 언제 올지를 알기 어려운 문제
156. 차가 목적지에 도착하는 시간을 모르는 문제
157. 시각 장애인이 차의 번호를 알 수 없는 문제
158. 외국인이 한글의 의미를 모르는 문제
159. 외국인이 버스 안내 방송을 알아 듣기 어려운 문제
160. 개(애완동물)의 소리를 알아듣지 못하는 문제

161. 밤에 배드민턴 깃털 공을 치기 어려운 문제
162. 에어컨 장치를 여름에만 사용하는 문제
163. 물통을 정수기에 올려놓기 어려운 문제
164. 도로용 벽돌이 물을 통과시키지 못하는 문제
165. 음식을 조리하는데 시간이 많이 필요한 문제
166. 아파트에서 빨래를 널 수 있는 공간이 부족한 문제
167. 행주(가정, 식당)가 청결하지 못한 문제
168. 해파리가 사람을 해치는 문제
169. 샤프심 끝의 길이를 맞추기 어려운 문제
170. 버스를 오래 기다리는 문제(평소 보다 긴 시간)
171. 교차로에서 속도가 떨어지는 문제
172. 등산 지팡이의 끝이 빨리 마모되는 문제
173. 미수 가루가 혼합되지 않는 문제(혼합 병 사용시)
174. 등산 시 두 지팡이 때문에 손의 사용이 어려운 문제
175. PC 방에서 전기가 많이 소모 되는 문제
176. 음료 팩을 책상 위에 놓을 때 쉽게 넘어지는 문제
177. 나의 말을 옆 사람이 듣는 문제
178. 다른 사람이 듣는 음악 소리가 내게 들리는 문제
179. 병 속에 들어 있는 음료의 온도를 변화시키는 문제
180. 우산이 스스로 설수 없는 문제
181. 우산을 접을 때 물이 바닥에 떨어지는 문제
182. 래퍼팅 시 자주 노를 놓치는 문제
183. 동물을 가까이에서 촬영하기 어려운 문제
184. 도심 도로변에 기둥이 너무 많은 문제
185. 방석에 있는 쟈크의 손잡이가 돌출되는 문제

186. 사무실 내 환기가 어려운 문제
187. 출입문에서 사람이 부딪치는 문제
188. 테이블이 움직여 커피가 넘치는 문제
189. 애완견이 사람을 물어 상처를 내는 문제
190. 바닥에 닿아야 동작하는 마우스 문제
191. 흰개미가 목조 건물을 파괴하는 문제
192. 차도 안전벽이 시야를 가리는 문제
193. 아침 체조 시 땀이 나는 문제
194. Barcode marking시 code 크기 문제
195. 북 스탠드가 넘어지는 문제
196. 보행자와 자동차의 충돌 문제
197. 자녀의 적정한 용돈 책정이 어려운 문제
198. 화초에 붙은 먼지를 제거하기 어려운 문제
199. 면도한 찌꺼기가 날에 붙어 있는 문제
200. 커피믹스의 포장지가 잘 찢어지지 않는 문제
201. 등산로가 파손되는 문제
202. 버스에서 어른이 청소년 승차권을 사용하는 문제
203. 가두리 양식장에서 먹이가 낭비되는 문제
204. 어두운 곳에서 컴퓨터 자판이 보이지 않는 문제
205. 전기 플러그가 쉽게 빠지지 않는 문제
206. 신발장에서 냄새가 나는 문제
207. 물놀이 배가 쉽게 뒤집히는 문제
208. 산길 자동차 도로에서 동물들이 차에 치는 문제
209. 애들이 겨울철에 이불을 덮지 않는 문제
210. 수영장 배수구에 아이가 달라붙는 문제

2. 대학원생 도출문제

1. 자동차 에어백이 잘 못 터지는 문제
2. 폴리싱 소재에 따른 단차 문제
3. 빙축열 장치의 스크레이퍼 파손 문제
4. 휴대폰 낙하 시험 시 배터리 쇼트 문제
5. 자동차 도어 트림 기능 문제
6. 나트륨(Na)에 의한 내화물(MgO) 부식 문제
7. 반도체 세정용 다중 노즐 오염 문제
8. 잉크젯의 열에 의한 jetting 불안정 문제
9. 도가니 침식 방지를 위한 슬래그 조성 문제
10. STS400 스테인레스 고성형성 문제
11. 구리 파우더 전면 코팅 문제
12. SRO sputtering 시 파티클 생성 문제
13. 고속 회전 시 복합재료의 강도 저하 문제
14. 투과율 조절 썬팅 문제
15. LCM의 트랙 타임 단축 문제
16. 기울어진 유리 기판 이송 롤러의 파손 문제
17. 페러 글라이더가 너무 무거운 문제
18. 초전도 베어링이 공진 영역에서 진동이 큰 문제
19. MLCC(다층세라믹 캐패시터)의 제작 시 변형 문제
20. 반도체용 가스 필터의 용량이 변화는 문제
21. 감지센서의 정밀도가 낮은 문제(세라믹 보호막 사용)
22. 광굴절로 인한 액적 분포 측정이 어려운 문제
23. 유아용 코 흡입기의 성능이 낮은 문제
24. 공기압 실린더 패킹 마모 문제

25. 자동화 라인의 bus bar 통신 에라 발생 문제
26. 조립 시 방진 패드 이동 문제
27. 냉동 밸브의 누수 문제
28. 플라스틱 사출물의 수축에 의한 변형 문제
29. 렌즈 금형의 두께 편차 발생 문제
30. 모서리의 작은 밴딩(굽힘) 작업이 어려운 문제
31. 캐비닛 랙의 강성이 약한 문제

3. 기업 도출 기술문제

1. 펌프로 이동하는 연료의 맥동 문제(보일러 연료)
2. LCD 화상의 얼룩 발생 문제
3. 진공청소기의 정전기 발생 문제(바닥과 접촉원인)
4. 피에조 발진자의 행정거리가 짧은 문제
5. 유리창 바깥을 청소하기 어려운 문제
6. 요구르트 캡이 부풀어 오르는 문제(팽창)
7. 캔 음료의 후 살균 시 부피 평창문제
8. 분유에 금속 조각이 들어가는 문제
9. 분유에 들어 있는 금속 조각을 제거 하는 문제
10. 둥근 와이어 단조를 위한 균일 타격 문제(의료용)
11. 드릴 끝이 둥근 면에서 미끄러지는 문제
12. LCD 장비의 롤러가 유리면과 접촉하지 못하는 문제
13. 히터와 웨이퍼 접촉 간격(1mm) 문제
14. Air Bearing과 회전체의 간격문제(열 발생)
15. 고점성 약액으로 인한 스핀헤드 오염문제

16. 히팅에 의한 Bulk PR의 Popping 방지를 위한 낮은 150도 이하로 긴 시간(5분) 지속해야 하는 문제
17. Popping으로 인하여 파편 들이 오염원이 되는 문제
18. 오염으로 인한 광센서의 빛 차단 문제
19. 기판 온도 상승문제(열 증착 공정용)
20. 열 증착 공정에서 증발 가스의 응축문제
21. 도가니에서 증발된 가스가 셔터에 붙는 문제
22. 생면을 얼리는 시간이 너무 긴 문제
23. 면의 가락들이 부착되는 문제
24. 단면전선 적용 시 피복 심선손상 문제
25. 고압 세차 검사 시 물 유입 문제(대전류 단자측)
26. 회로 검사 시 터미널 란스 손상 문제
27. 차량 고객인도시 암 전류 차단 스위치 복원 문제
28. 핀이 하우스 구멍에서 빠지는 문제(작업 공정 상)
29. 같은 업무를 생산팀과 개발팀이 다르게 지시하는 문제
30. 다이케스팅 시 제품에 기포가 들어가는 문제
31. 오링 조립 시 나사산이 오링을 파손하는 문제
32. 근무 중 인터넷 사용 문제
33. 스풀 포장이 파손되는 문제
34. 철판을 지게차로 이동 시 긁히는 문제
35. 열처리로의 부품 받침대가 변형되는 문제
36. 교반 시 글루텐 부착문제
37. 라면 용기의 뚜껑 종이가 잘 제거 되지 않는 문제
38. 쌀 과자 이동 시 부착문제
39. 카프리썬 빨대 구멍으로 내용물이 새는 문제

40. 건면 조리 시 물의 침투가 어려운 문제
41. 만두의 두께가 얇은 문제
42. 점착으로 인한 씰(고무) 접착 문제
43. PTFE 파이프 열처리 시 변형 문제
44. 내경 Lip 부 흐름(기포 발생)발생 문제
45. 쇼바실 하단부 고무 접착 문제
46. 오링 취출 시 부착 문제
47. 대형 유리 기판 처짐 문제(LCD 공정)
48. 디지털 카메라 줌인 모터의 소음 문제
49. 반도체 가스필터의 기공의 크기 문제
50. 상전이 펌프의 냉각속도가 늦은 문제
51. 슬러리 온도가 낮아 성형 공정이 되지 않는 문제
52. 잉크젯의 잉크가 평평하게 도포되는 문제
53. 샌드위치 패널 제조에서 측면이 찌그러지는 문제
54. 도금용 지그 제작시 기판이 깨지는 문제
55. 반도체 라인용 필터에 이물질이 쌓이는 문제
56. 지뢰 탐지기가 다른 금속을 탐지하는 문제
57. 단층 촬영기에서 영상 처리량이 너무 많은 문제
58. 광폭 타이어 사용 차량의 연비가 낮은 문제
59. 나노 분말 제조 시 산화 문제

4. 비기술문제(경영, 민원, 디자인, 홍보, 등)

1. 회의 효율이 낮은 문제
2. 회의에 늦게 참석하는 사람의 문제
3. 아파트 내 과속 방지 턱 문제

4. 업무 중 인터넷을 차단하기 어려운 문제
5. 생계형 자동차 번호판 영치 문제(트럭)
6. 산 근처 논두렁 태우기 문제(산불 발생)
7. 집 앞 쓰레기 집하장 문제(외관, 냄새 측면)
8. 인터넷 접속으로 인한 직원 간의 갈등문제
9. 미불용지 보상 민원이 많은 문제
10. 광덕산 정상 막걸리 판매 문제
11. 무인 카메라 단속으로 인한 상가 매출 감소 문제
12. 음식점 쓰레기 누출 문제
13. 개인용 정보 공개 요구가 너무 많은 문제
14. 도심 가로수가 간판을 가리는 문제
15. 비둘기 서식지 문제
16. 도심 가로수가 공공 시설물을 파손하는 문제
17. 상가 주변 주차 공간이 부족한 문제
18. 이동도서관의 책 반납이 잘되지 않는 문제
19. 교차로 광고탑 설치 시 미관 문제
20. 천안시 자전거 전용 도로 사용 문제
21. 도로변 꽃 박스(대형 화분) 관리 문제
22. 흡연 공간 제한으로 인한 흡연자 불만 문제
23. 소년 학교 내 흡연 문제
24. 소규모 식당 간접흡연 문제
25. 다문화 가정의 한글교육 문제(교사 부족)
26. 다문화 자녀의 한글 교육 문제(한글 이해정도)
27. 음식점 잔반 과다 문제
28. 민원처리 시 본인 확인이 어려운 문제

30. 원가절감 실적을 평가하기 어려운 문제
31. 병원 손님이 적은 문제
32. 병원 첨단 장비 구입비용 문제
33. 중소기업에서 기술인력 채용이 어려운 문제

2 실용트리즈 대학수업 평가

다음은 강의 후 학생들로부터 받은 실용트리즈 수업관련 내용입니다. 대학에서 트리즈를 강의하는 교수님이나 트리즈를 공부하는 대학생들에게 도움이 될 수 있을 것으로 생각합니다.

1. 한 학기 실용트리즈 수업 후 창의적인 사람이라고 느꼈다면 교육을 잘 받은 사람이겠죠? 저는 삼성탈레스에 입사하기 위해 학연산클러스터에서 주관하는 여러 강좌를 들었고 그 중에서 실용트리즈라는 과목이 자기소개서 및 면접 전형에 큰 긍정적인 영향을 주었습니다. 즉, 남들과는 차별되는 저만의 무기를 트리즈라고 생각했고 비전공자임에도 불구하고 최종합격을 할 수 있었습니다. 면접 때 트리즈에 관심을 많이 보이신 면접관님 앞에서 당당 할 수 있었던 것도 실용트리즈 덕분 이였습니다. 아직 트리즈 새내기이지만 입사 후 꾸준한 공부로 트리즈 3수준을 받는 것이 목표입니다.

2. 저번 시간 실용트리즈 강의 완전 200% 좋았습니다. 제가 중문과 학생인데 이과생이 90%가 넘는 그 수업을 들으며 늘 좌절했으나 이번 수업은 정말 배울 점이 많아서 기술융합개론을 신청한 것에 대해 아무런 후회도 남지 않게 되었습니다.
3. 실용트리즈는 제가 전공 수업과 시간이 겹침에도 불구하고 어떻게든 수업을 들어보고자 17시 30분 수업을 신청하고, 교수님께 양해를 구한 후에 어렵게 15시 30분 수업을 들을 수 있었던 수업이었습니다. 공학도로서 연구자의 길을 걷고자 하는 꿈을 가지고 있는 저에게 창의적 사고를 너 잘 할 수 있는 새로운 계기가 질실히 필요하다고 생긱해서였습니다.
4. 저는 무엇보다도 한 학기 동안 1조의 조장을 맡아서 같은 과 후배들과 건설적인 토론을 즐겁고 열띠게 나눌 수 있었던 점이 가장 즐거웠습니다. 단순한 브레인스토밍이 아닌, 실용트리즈의 방법론을 적용시키는 토론 과정에서 기존의 방법보다 월등히 향상된 효율성을 느낄 수 있었고, 졸업 작품과 수업과제에 관한 유익하고 새로운 아이디어가 많이 발견되었습니다. 제가 지금 목표한 것처럼 졸업 후 카이스트나 타 그룹에 속하여 연구를 계속하게 될 때에도, 교수님께서 보급해 주신 실용트리즈를 잊지 않고 계속 적용해 가겠습니다.

   제가 졸업작품으로 완성하여 A+의 학점을 받았던 인간공학적 개념이 포함된 노약자용 자동 기능 좌변기 역시 제가 수업시간에 공부한 실용트리즈를 과 친구들에게 소개하여 몇 주의 스터디와 토론에 걸쳐 완성할 수 있었던 아이디어였습니다. 그러고 보면 한 학기의 반 이상이 실용트리즈와 함께 했던 것 같습니다. 무엇보다도 한 학기에 주신 양질의 가르침과 보여주신 열정에 감사드립니다.

5. 실용트리즈라는 과목을 통해 제가 창의적으로 문제를 해결할 수 있다는 생각을 처음으로 갖게 되었고 항상 사물을 보는데 있어 문제가 무엇인지 고민하고 경계영역 도식화라는 과정을 통해 문제의 원인분석을 하는 것이 자연스러워지고 있는 것 같습니다. 아직은 부족하지만 실용트리즈의 창의적인 문제해결방법으로 접근하는 시도를 계속 해나가야 겠다는 생각이 들었고 현재 비지니스 트리즈 사례가 거의 없지만 앞으로 많은 사례들을 접할 수 있었으면 좋겠다는 생각도 해 보았습니다.
6. 결론적으로 교수님의 트리즈 강의를 통해 제가 창의적으로 문제를 해결할 수 있는 능력을 가졌다라는 생각을 갖게 해 주셔서 감사드립니다.
7. 창의적인 사고력과 자신감 덕분에 이번상반기에 삼성전자에 합격했습니다. 앞으로 트리즈 공부를 좀 더 심도 있게 해보려고 합니다. 그래서 레벨 높여서 다음에 시험을 따로 볼까 합니다.
8. 경영학을 배우면서 트리즈라는 방법을 조직 혁신론 수업시간에 접하게 되었습니다. 창의적인 문제 해결방법론으로서 경영학적인 측면에서 많이 이용하고 있다는 내용을 살짝 접하게 된 후 학연산과목에 개설된다는 소식을 듣고 개인적으로 창의적인 사고를 기르려고 수업을 신청하여 한 학기 동안 듣게 되었고 창의적으로 해결된 여러 사례를 보면서 감탄했던 적도 많았습니다. 하지만 생각보다 어려웠던 것 같아 아쉬움이 없지 않아 있습니다. 나중에 교수님께서 집필하시는 책을 구매하여 읽어보도록 하겠습니다.
9. 작년에 '기술융합개론'이라는 학연산 과목을 수강하던 중에 교수님을 처음 뵙고 트리즈를 처음 접하게 되었는데요. 그 때 저는 짧은 시간이었지만 강한 인상을 받게 되어, 새로 개설된 교수님의 강연을 기대 반 설레임 반으로 신청하게 되었었습니다. 그리고 한 학기가 지난 지

금, 그 선택이 아주 잘 한 것이었다는 생각이 듭니다. 교수님의 강의는 제가 지금까지 살면서 받아본 교육 중 최고로 창의적인 교육이었습니다. 저에게 아주 신선한 충격이었고, 학생들로 하여금 자연스러운 체득을 유도하는 훌륭한 가르침으로 인해, 저 자신도 모르게 문제를 해결하는 관점이 변화 된 것을 느낄 수 있었습니다.

10. 여지껏 들었던 어느 강의보다 매시간 흥미롭고 유익한 훌륭한 강의였습니다. 교수님의 열정적인 수업 덕분에 과학적으로 사고하는 법을 깨쳐 창의력이 몰라보게 자라난 것 같습니다.
11. 특히 매시간 팀별로 모순을 도출하여 기능을 분석하고 해결책을 찾아나가는 매 과정이 학습이라 느껴지지 않을 만큼 즐거웠습니다.
12. 작년에 기술융합 개론이란 수업에서 트리즈라는 것을 처음 알게 되었는데 그 교수님의 강의를 듣고 트리즈란 것에 관심을 갖게 되었는데 이번학기에 학연산 단독과목으로 생긴 것을 보고 주저하지 않고 이 과목을 수강하게 되었습니다.
    한 학기동안 트리즈 수업을 통해서 문제 해결능력이 많이 늘었다는 생각이 들고 어떤 문제에 부딪쳐도 트리즈적인 사고로 하나하나 풀어간다면 어려울 것이 없다는 생각이 듭니다.
13. 저의 어릴적부터 꿈이였던 특허를 내는 것도 트리즈를 활용하면 할 수 있을 것 같습니다. 한 학기 동안 열강 하시느라 정말 고생 많으셨습니다. 교수님의 열정에 저희들도 덩달아 열정적이게 될 수 있었던 것 같습니다.
14. 한 학기동안 새로운 사고방식을 가르쳐주셔서 정말 감사했어요. 덕분에 폭 넓은 사고방식을 가질 수 있게 되었어요.
    트리즈 관련 수업이 또 생기게 되면 들을 계획이에요!

15. 트리즈에 대해 알면 알수록 어렵지만 정말 유용하다는 것을 느꼈습니다. 사물이나 사건을 볼 때 나도 모르게 모순을 찾고 있는 제 자신을 보면 한 학기 동안 알게 모르게 사고의 전환이 많이 된 것 같습니다. 굳은 줄 알았던 저의 뇌에 창의력이란 무기를 장착해주신 교수님께 깊은 감사를 드리며 이 경험을 바탕으로 사회에 나가서도 활용해 보겠습니다. 꼭 다시 뵙기를 바라겠습니다.
16. 새로운 것을 접할 수 있어서 너무 좋은 한 학기였습니다. 지금 들은 트리즈 수업이 제 인생에 있어, 중요한 순간순간마다 좋은 결과를 줄 수 있을 것 같아서 좋았습니다.
17. 지난 한 학기동안 실용트리즈 수업을 듣게 되어 저에게 큰 행운입니다. 특히 인문계인 저에게는 수업 내용을 따라가기와 대부분의 이공계 학생들의 사고와 관점이 맞지 않은 점이 힘들었지만 이번 수업을 통해 다양한 전공의 사람들과 깊은 토론을 할 수 있었습니다.
18. TRIZ에 대한 많은 관심이 생겨 알아보니 이미 국내의 한 홍보대행사에서 'PR TRIZ'를 내걸고 진행 중인 것을 목격하였습니다. 2008년 말부터 시작된 홍보 서비스로 앞으로 홍보영역에서도 TRIZ가 영향력을 미치게 되리라고 생각합니다.

    기능분석을 배우고 나니 한 가지 문제에 대해 여러 가지 모순을 발견할 수 있었습니다. 이제는 많은 자신감과 창의력이 생긴 것 같아서 기분이 좋습니다.
19. 한 학기동안 이 과목을 배우면서 창의적 사고에 대해 많이 생각해보게 되었습니다. 학과 전공 위주로 들어야 하는 공학대학 수업에서 벗어나 이 과목을 들으면서 정말 실용적인 것을 얻어가는 느낌이었습니다.
20. 문제의식을 갖게 되고 여러 모순을 가지고 있는 문제들이 풀릴 수 없는 문제이거나 그 모순을 해결하지 못할 것이라고 생각하거나, 지

금의 방식에서 벗어나 다른 새로운 방법만이 해결책이라고 생각했었는데, 그 문제 자체에서 큰 비용을 들이지 않고 모순을 해결해 나간 여러 사례들을 보고 정신이 번쩍 하였습니다.

21. 한 학기 동안 좋은 강의 잘 들을 수 있어서 좋았습니다. 제 성적이 A0가 나왔는데 2수준의 인증서를 받을 수 있는지 궁금합니다. 한 학기동안 정말 좋은 문제해결방법을 배우게 되어서 영광이었습니다.

3 실용트리즈 교육 관련 질문과 답장

본 내용은 실용트리즈 교육 중 또는 킴스트리즈 홈페이지(www.kims-triz.co.kr)에 올라온 트리즈 관련 질문에 대한 저자의 주관적인 답변입니다. 트리즈와 실용트리즈 전반에 대한 많은 질문들을 2004년 이후 자주 받고 있습니다. 일부 내용은 몇 년 전의 답변입니다. 때문에 2015년 현재 시점에서 보면 일부 미흡한 부분도 있습니다. 유익한 질문들이 많이 들어 있습니다.

1. 만약 문제 속에 모순이 들어 있지 않다면 어떻게 접근 하는지요(대학)?

트리즈는 모순이 들어 있는 문제를 문제라고 정의합니다. 만일 모순이 없다면 트리즈로 해결할 성격의 문제가 아닙니다. 경험이나 지식으로 쉽게 해결되는 문제는 트리즈문제가 아닙니다. 이런 문제해결에는 트리즈의 방법론을 사용할 필요가 없습니다. 만일 모순이 없는 문제가 있다면 저의 메일 주소로 알려주세요. 저는 많은 현업문제들(과학기술, 비기술분야)을 해결한 경험이 있습니다. 아직도 모순이 없는 문제를 발견하지 못하였습니다. 만일 모순으로 표현되지 않는 문제가 있다면, 그것은 모순을 찾지 못하였기 때문일 것입니다. 트리즈에서 모순을 찾는 것이 어렵다고들 합니다. 저도 처음 트리즈를 공부할 때 모순을 찾는 것이 어려웠습니다. 그러나 지금은 아주 쉽게 모순을 찾습니다. 또한 쉽게 모순을 찾을 수 있는 방법을 실용트리즈 수업에서 교육합니다.

2. 모순이 들어 있지 않은 문제는 트리즈 이외의 다른 기법이 필요합니까(기업)?

모순이 없는 문제는 결코 난이도가 높은 문제가 아닙니다. 다른 특별한 방법론을 사용할 필요가 없습니다. 기존의 전문지식과 경험으로 해결책을 찾을 수 있는 성격의 문제입니다. 모순문제를 해결하는 것이 트리즈입니다. 문제에서 모순을 찾지 못하는 것은 문제를 정확히 모르기 때문입니다. 문제를 모르는데 어떤 방법론이 의미가 있겠습니까? 트리즈의 모순은 단순한 단어의 의미가 아닙니다. 문제의 근본원인을 다른 각도로 해석하는 강력한 분석도구의 하나입니다. 킴스트리즈 홈피에 관련 논문이 공지 되어있습니다. 만일 깊이 있게 공부하고자 한다면 논문을 참고하세요.

3. 세일즈맨 문제해결에도 트리즈 사용이 가능한가(학생)?

부분적으로 사용할 수 도 있습니다. 그러나 과연 얼마나 창의적인 결과인가에 대한 평가는 어렵습니다. 아직도 비기술영역(비지니스, 세일즈, 인사결정, 등)에 트리즈가 유용할 것인가에 대한 평가는 높지 않습니다. 그러나

모순으로 정의될 수 있는 비기술영역의 문제해결에 트리즈가 많은 도움이 될 수 있다고 저는 확신합니다. 저는 실용트리즈로 많은 비기술문제를 해결한 경험이 있습니다. 문제해결에 많은 도움이 됩니다.

4. 트리즈를 시스템의 설계에 사용할 수 있습니까(기업)?

트리즈는 문제를 해결하는 도구입니다. 시스템 자체를 설계하는 도구가 아닙니다. 공리적설계, 최적화 기법 등은 시스템의 창의적인 설계에 도움이 되는 방법론 들입니다. 하지만 트리즈는 시스템의 설계에 사용하는 것이 아니고 시스템의 설계에서 발생되는 문제를 해결하는 도구입니다. 시스템 설계에서 문제가 있을 경우 이 문제를 창의적으로 해결하는 가장 강력한 방법론은 트리즈입니다. 문제가 있고 모순이 도출되면 트리즈는 강력한 힘을 발휘합니다. 수많은 성공사례가 말해줍니다.

5. 트리즈와 다른 문제해결방법론과의 가장 큰 차이는(기업)?

트리즈는 공학 특히 특허를 분석하여 찾은 통계적인 결과입니다. 만일 알트슐러가 트리즈를 만들지 않고 다른 사람이 연구했을 경우에도 비슷한 결과였을 것입니다. 다른 방법론들과 근본적인 차이입니다. 가장 창의적인 결과물에 뿌리를 둔 방법론이 트리즈입니다. 객관적인 근거를 가진 유일한 문제해결 방법론입니다. 엄격한 의미에서 브레인스토밍과 같은 다른 방법론들은 창의적인 문제해결 방법론이 아닙니다. 자신의 문제를 트리즈로 해결해본 사람들은 이런 사실을 쉽게 알 수 있습니다.

6. 트리즈는 소프트웨어 개발에도 유용합니까(기업)?

저는 600회 이상 실용트리즈 교육 및 컨설팅을 하고 있습니다. 많은 기업 및 국가 출연연구소 등에서 트리즈를 교육하고 현업의 문제를 해결하고 있습니다. 다양한 분야에서 실용트리즈를 교육한 경험으로 볼때 저에게 특별하게 어려운 분야는 없었습니다. 기계는 물론 화학, 정보통신, 반도체, S/W 전문 기업, 심지어 시청 공무원 등의 교육에서 특별히 어떤 분야에 트리즈 적용이 어렵다고 느낀 적은 별로 없습니다.

7. 트리즈는 비기술문제 해결에도 유용합니까(기업)?

트리즈는 태생적으로 특허를 기반으로 하여 만들어 졌고 당시 특허 들은 기계 관련 내용이 많았습니다. 초기 트리즈 책에 소개된 예들이 기계 관련이 많습니다. 때문에 트리즈를 교육하는 사람들이 트리즈 책에 나오는 예를 교육에 사용하면서 자연스럽게 기계분야에 유리한 방법론으로 잘못 인식되었습니다. 근본적으로 트리즈는 문제를 창의적으로 해결하는 방법론입니다. 어느 분야에 유리한 것인가는 전적으로 트리즈 사용자가 알고 있는 전문지식과 관련이 있습니다. 트리즈의 본질을 제대로 이해하면 기술분야와 비기술 분야 어느 곳도 사용이 가능합니다. 저의 실용트리즈를 8시간 이상 교육 받은 많은 사람들의 공통된 평가입니다. 트리즈 지식이 짧은 특히 본질을 파악하지 못한 사람들은 현업 문제해결에 트리즈를 사용할 수 없습니다. 트리즈는 지식이 아닙니다. 현업의 문제해결에 실제로 트리즈를 사용하지 못하면 트리즈를 알고 있는 사람이 아닙니다. 이들은 트리즈의 적용 범위를 말할 수 있는 입장이 아닙니다.

8. 트리즈를 화학분야의 조성물, 화합물, 화학공정 등의 연구에 사용할 수 있는가(기업)?

자주 접하는 질문 중의 하나입니다. 기계분야에 비하여 상대적으로 어렵습니다. 왜냐하면 적용 성공사례를 책에서 찾기 어렵기 때문입니다. 저는 화학 관련 여러 회사에서 트리즈 교육을 여러 차례 하였습니다. 많은 현업의 문제를 분석하고 해결책을 찾아보았습니다. 다른 분야에 비하여 특별히 어렵거나 한계는 없었습니다. 제가 현업의 문제를 해결한 것이 아니고 피교육자들이 스스로 자신들의 문제를 트리즈로 해결책을 찾았습니다. 참고적으로 저는 물리학을 공부하고 반도체 관련 기업에서 10년 이상 근무 하였습니다.

9. 중소기업 문제해결에 적당한 트리즈 관련 소프트웨어가 있는가(기업)?

제가 추천할 것은 없습니다. 몇 가지 제품이 있습니다. 하지만 거의 실용적이지 못하고 가격도 아주 높습니다. 일부 관련 업체들이 영업을 하는 것을 잘 알고 있습니다. 그것은 트리즈로 포장한 다른 제품일 뿐입니다. 특히 중소기업에 추천하면 큰 원망을 들을 수 있습니다. 대기업이라면 일부 제품은 유용하게 사용할 수 있습니다. 세부 사항은 생략합니다.

10. 화학전용 트리즈 관련 소프트웨어가 있는가(기업)?

저의 생각으로 트리즈의 일부 내용을 화학전용 문제해결 프로그램으로 만들 수 없습니다. 억지로 만들 수는 있지만 활용 가치가 없는 허수아비일 뿐입니다. 근본적으로 트리즈 소프트웨어는 먼저 트리즈에 대한 지식이 필요합니다. 소프트웨어 자체가 문제를 해결하는 것이 전혀 아닙니다. 단지 참고 일 뿐이고 이것도 아주 제한 적입니다. 지속적이고 넓은 분야에서 다양한 연구를 수행하는 대기업의 경우 일부 소프트웨어는 효과가 있습니다. 일부 국내 대기업이 관련 소프트웨어를 실제로 사용하고 있습니다. 아래 저의 홈페이지를 참고하세요. 많은 트리즈 관련 내용들이 공지되어 있습니다.

11. 신소재(재료) 연구에 TRIZ 사용이 가능한가(기업)?

저는 3년간 여러 대학과 대학원에서 실용트리즈 수업 중, 많은 재료 관련 문제를 실용트리즈로 분석하고 해결책을 찾는 교육을 하였습니다. 기존의 트리즈는 발명문제 기반의 공학문제해결 도구입니다. 반면 재료의 경우 기초과학에 가까운 분야입니다. 태생적으로 기존의 트리즈를 재료 연구에 적용하기에 많은 한계가 있습니다. 저의 경우 처음 2년간(2006, 2007년) xxx 대학 대학원 실용트리즈 수업 중, 재료에서 발생되는 문제에 트리즈의 문제해결 방법론을 어떻게 적용할 것인가를 몰랐기 때문에 고생하였습니다. 하지만 2008년부터 큰 어려움 없이 순수과학 분야에도 실용트리즈를 문제해결에 적용하고 있습니다. 실용트리즈의 1단계 '경계영역의 도식화'를 통하여 발명문제 뿐만아니라 기초과학문제나 비즈니스 문제에도 쉽게 트리즈의 방법론을 적용할 수 있게 할 수 있었습니다. 대학원 수업에 참석한 많은 연구원들(생기원, 전기연구원, 기업연구소 등)은 자신의 문제해결에 트리즈를 적용하였습니다. 현업에 적용 가능하고 특허 출원 가능한 여러 해결책들을 대학원 수업 중에 찾을 수 있었습니다.

트리즈 자체에 대한 지식이 현업문제 해결에 별로 도움이 되지 않습니다. 문제를 트리즈로 많이 풀어 보아야 합니다. 많은 문제를 트리즈로 해결해 본 사람은 문제의 종류에 무관하게 트리즈를 어떻게 문제해결에 적용할 수 있는가에 대한 방안을 찾을 수 있습니다. 트리즈로 많은 문제를 해결해 본 사람들의 지식과 경험을 활용하면 신소재 분야의 연구에 적합한 트리즈 모델도 만들 수 있을 것입니다.

저는 처음 트리즈를 접했을 때 "트리즈가 과연 현업의 문제를 해결할까?" 였습니다. 하지만 1000개 이상의 문제를 트리즈로 분석하고 해결책을 찾아본 후 저는 확신 했습니다. 트리즈는 현업의 문제를 실제로 해결한다. 내가 알고 있는 분야 뿐 만아니라 내가 모르는 분야에 대한 문제까지도 해결책을 찾게 할 수 있다.

12. 트리즈의 기술진화가 연구과제 발굴에 유용한가(기업)?

기존 알트슐러의 트리즈에서 보면 트리즈로 새로운 과제나 테마 발굴에 사용할 수 있는 대표적인 방법론(?)은 당연히 '기술진화'입니다. 기술발전의 법칙으로부터 과거의 기술발전 단계와 현재를 이해하면 미래의 기술발전의 방향을 찾는데 유용한 것은 틀림없습니다. 원론적으로 미래기술의 큰 방향을 잡는데 기술진화는 좋은 수단이 될 수 있다는 사실에 전적으로 동의합니다.

하지만 현 시점에서 어떤 기업이 5년 또는 10년 뒤 필요한 신제품을 위한 새로운 기술의 선택과 집중에 과연 '알트슐러 트리즈의 기술진화'가 얼마나 도움이 될 것인가? 저는 거의 도움이 될 수 없다고 생각합니다. 왜냐하면 현재 트리즈의 기술진화의 내용은 약 50년 전에 만들어진 것으로 오늘날의 과학 현실과 너무 많은 차이가 있기 때문입니다. 양자역학을 기반으로 하는 오늘날의 과학기술은 50년 전과 근본적으로 다릅니다. 현 시점에서 우리가 상식적으로 잘 알고 있는 원론적인 기술진화 내용은 분명 도움이 될 것입니다. 하지만 구체적인 내용에서 별다른 도움이 되지 못합니다.

때문에 기존의 기술진화 개념은 반드시 수정·보완하여 사용하여야만 합니다. 만일 기존의 기술진화를 오늘날의 과학기술을 반영한 형태로 수정・보완하여 사용한다면, 새로운 과제 발굴에 기술진화를 사용하는 것은 아주 유용할 것으로 생각됩니다.

13. 현업 문제해결에 TRIZ 사용이 왜 어려운가(학생)?

트리즈 이전에 문제를 제대로 알아야 한다. 트리즈 자체가 문제를 결코 해결해주지 않는다. 트리즈로 많은 문제를 풀어본 경험으로부터 알아낸 사실이다. 문제를 먼저 다른 각도로 이해하라. 지금까지의 나의 관점을 바꾸어야 한다는 의미이다. 트리즈로 문제를 해결해보는 것이 나의 관점을 쉽게 바꾸게 하는 가장 효과적인 방법이다. 고정관념을 벗어나는 것은 아주 어려운 문제이다. 이 문제를 쉽게 해결할 수 있다. 트리즈로 문제를 해결해 보면 고정관념이 제거 된다. 내가 지금까지 몰랐던 지식을 나의 문제해결에 사용할 수 있는 방향을 알 수 있다.

트리즈를 많이 공부하지 말라. 트리즈로 문제를 해결하는 연습을 많이 하라. 이것이 트리즈로 현업의 문제를 많이 해결해본 경험자가 줄 수 있는 가장 큰 충고이다. 200시간 이상의 트리즈 공부가 나의 문제해결에 얼마나 도움을 줄 수 있다고 생각 하는가? 트리즈의 많은 방법론에 대한 지식이 나의 문제해결에 얼마나 도움이 될 것으로 생각하는가? 별로 도움이 되지 못한다.

하나의 트리즈 방법론, 특히 모순(물리모순)의 개념을 정확히 알고 10시간 동안 만 자신의 문제를 어떻게 해결할 것인가(?)를 공부하라. 그러면 지금까지 잡다한 트리즈 방법론을 많이 알고자 노력한 것이 얼마나 비효율적인 행동인가를 알 수 있다. 야구 이론을 열심히 공부하고 열심히 경기를 분석하여도 홈런은 칠 수 없다. 만일 홈런을 날리고 싶다면, 먼저 열심히 야구공을 방망이로 맞히는 연습부터 해야 한다. 트리즈도 같다. 먼저 트리즈를 문제해결에 사용해 보는 연습이 필요하다. 그리고 트리즈를 공부하라.

킴스트리즈 홈페이지에 실용트리즈 관련 공지 자료들이 도움이 될 수 있을 것이다. 나의 문제해결에 어떻게 트리즈를 사용할 수 있는 가를 알고 싶다면, 실용트리즈의 '경계영역의 도식화'를 먼저 공부하면 좋다. 킴스트리즈 홈페이지에는 많은 실용트리즈 관련 동영상 자료들이 공지되어 있다. 실용트리즈 책에 대한 중요한 내용도 공지되어 있다.

14. 현업문제 해결에 트리즈를 실제로 사용할 수 있는가?

트리즈의 대부분 방법론들은 문제해결을 위한 도구일 뿐이다. 발명원리(기술모순기반), 표준해, 모순(물리모순), 이상해결책 등은 문제를 해결하는 대표적인 방법론이다. 저자는 실용트리즈로 1000개 이상의 현업의 문제를 트리즈로 분석하고 해결책의 방향을 찾아보았다. 문제가 정의되지 않은 경우 트리즈 방법론의 적용은 아주 어렵다. 특히 물리모순의 적용은 문제의 상황을 아주 깊게 본질적으로 분석하는 단계를 거쳐 사용해만 한다.

엄격한 의미에서 모순을 해결하지 않은 문제는 트리즈로 해결해야 될 성격의 문제 자체가 아니다. 기존의 알트슐러 트리즈는 문제 자체를 이해하는 단계에 대한 설명이 아주 미흡하다. 트리즈를 공부하는 많은 사람들이 이것을 간과하기 때문에 트리즈가 실제 현업문제 해결에 매우 어렵게 느껴지는 것으로 생각된다.

현업의 문제를 실용트리즈로 해결해보면 가장 어려운 단계는 "문제를 잘 모른다는 것이다." 한 분야에서 20년 이상 일한 사람들도 자신이 지금까지의 지식과 경험의 범위 내에서 부분적으로 자신의 문제를 알고 있을 뿐 이다. 현업문제를 실용트리즈로 풀어본 통계적인 결과이다. 문제란 현재까지의 나의 지식과 경험의 범위에서 잘 해결되지 않는 것을 의미한다. 그런데 현재 나의 문제가 나의 지금까지의 경험과 지식으로 잘 해결될 수 있다고 생각하는가?

문제 자체에 대한 본질적인 분석이 필요하다. 실용트리즈가 쉽게 사람들에게 사용되는 이유는 문제 자체를 도식적으로 분석하는 단계가 있기 때문이다. 때문에 많은 사람들이 실용트리즈 4단계의 1단계인 '경계영역의 도식화'를 현업 문제해결에 필수적으로 사용한다. 실용트리즈 교육을 받은 많은 사람들의 공통된 평가는 '1단계인 경계영역의 도식화가 문제해결에 가장 중요하다.'이다. 실용트리즈의 1단계를 사용할 수 있다면 쉽게 트리즈의 여러 가지 문제해결 방법론을 현업 문제해결에 사용할 수 있을 것이다.

4 책으론 잡히지 않는 트리즈, 수업으로 잡다.

이론보다 문제 적용 「실용 트리즈」수업 2009년 08월 30일(일).

본 내용은 실용트리즈 수업(3개 반 90명)에 대한 ××대학교 학보에 실린 내용이다. 2010부터 ×× 대학은 매 학기 200명 정도의 학생들이 실용트리즈를 수강하고 있다.

최근 획기적인 창의력 향상 이론으로 재 주목받고 있는 트리즈(TRIZ) 기법은 문제해결 방법론이 너무 많고 쉽게 설명되지 않아 사람들이 서적을 참고해도 직접 활용하기가 쉽지 않다. 안산배움터 학연산 클러스터에서 「실용트리즈」를 강의하는 김호종〈킴스트리즈〉 대표는 학생들이 현업에서 트리즈를 사용할 수 있도록 하는 것을 목표로 강의하고 있다.

「실용트리즈」수업에서는 교수와 학생들이 함께 간단한 예시를 트리즈 기법을 이용해 풀면서 접근법을 배운다. 이후에는 조원들끼리 문제를 직접

해결해 나가면서 트리즈를 활용하는 방법을 몸소 익히도록 한다. 김 대표는 광범위한 트리즈 영역에서도 트리즈의 핵심 논리인 '모순'에 집중해 문제해결에 필요한 논리추론방식을 경계영역의 도식화, 모순도출, 모순분석, 기능분석 4단계로 정리했다.

경계영역의 도식화는 문제영역을 도식화함으로써 본질적인 원인을 찾아낸다. 두 번째 단계인 모순도출에서는 첫 번째 단계를 기반으로 문제를 일으키는 모순을 찾아내고 모순분석 단계에서 시간적·공간적 모순으로 나눠 창의적인 해결책을 찾는다.

보통 이 세 단계만으로도 간단한 모순문제들을 해결할 수 있다. 하지만 기업의 연구개발이나 생산에서 나타나는 기술문제 또는 경영상에서 나타나는 비기술 문제의 모순은 좀 더 고난이도의 문제해결에는 기능분석 단계를 거친다.

김 대표는 "트리즈 자체를 공부하기 보다는 트리즈로 문제를 해결하는 연습을 많이 하는 것이 더 중요하다"라고 말했다. 이런 참여식 수업 형태에 대해 지난 학기 수업을 들은 ××× 〈공대·산업공학과 04〉 군은 "수업 자체가 틀에 박히지 않아 좋았다"며 "문제의 오류에 대해 고민하고 자유롭게 토론할 수 있었다"고 말했다.

학생들의 평가는 학생들이 그동안 조별로 익혔던 트리즈적 해결방법을 사용해 개인이 직접 모순된 문제를 찾고 4가지 단계에 맞춰 해결하는 과정을 주어진 양식에 맞춰 낸 과제로 이뤄진다.

트리즈 이론에서는 이상적인 목표를 달성하는 데 있어서 이를 불가능 하게 하는 모순이 있는 상태를 트리즈를 활용해 풀어야할 문제로 정의한다. 학생들은 실생활에서 '문제'를 찾기 위해 평소에는 비판 없이 받아들이던 사회문제나 사물들을 새로운 시각으로 바라보게 된다.

×××〈공학대·교통시스템공학과 04〉 군은 "트리즈 수업을 받으면서 스스로 창의적인 사람이라고 느꼈다"며 "이번에 비전공자였음에도 원하는 기

업에 취직 할 수 있었던 것은 트리즈 수업을 받으면서 키운 창의적인 사고 방식이 자기소개서와 면접에서 다른 사람들과 차별을 둘 수 있었기 때문이었다"고 말했다. 김 대표는 "「실용 트리즈」의 본질적인 수업 목표는 단순히 과학기술 영역에 국한돼 문제를 푸는 것이 아니라 살아가면서 부딪히는 다양한 모순된 문제에 대해 고정관념에서 벗어난 시각으로 문제를 해결해 나갈 수 있는 창의적인 사람을 만드는 것"이라고 말했다.

5 국내 출간된 트리즈 관련 책

다음은 실습 위주의 실용트리즈 수업을 보완할 수 있는 트리즈 전반을 포함하는 서적이다. 실용트리즈는 학생들이 자신의 문제를 트리즈로 실제로 창의적으로 풀수있게 하는 책이다. 지식 전달이 아닌 트리즈의 문제해결 과정을 몸에 익히게 하는 것이 목표이다. 때문에 실용트리즈책은 이론 부분에 대한 설명이 미흡하다. 다음은 실용트리즈의 미흡한 부분을 보완할 수 있는 좋은 책들이다. 알트슐러의 저서도 있고 국내 트리즈 전문가의 책도 많이 있다. 저자의 생각으로 트리즈의 이론에서부터 기업적용 사례를 정리한 좋은 책들이 국내에서 많이 나왔다. 다음은 국내에서 출간된 기술 및 비기술 분야에 대한 다양한 트리즈 관련 책이다.

0. 현업문제해결 실용트리즈(김호종), 진샘(2012년), 기업 컨설팅용
1. 창의설계 실용트리즈(김호종), 진샘(2011년), 대학교재용
2. 트리즈 100배 활용하기(정찬근, …), MJ미디어(2010)
3. 비즈니스 트리즈(한국트리즈협회), 교보문고(2009)

4. 창의성의 또 다른 이름 트리즈(김효준) 인피니티북스(2009)
5. 실용트리즈의 창의성 과학(김호종), 두양사(2007, 기초편)
6. 트리즈의 창의성은 과학이다(역자: 박성균, 원저: 알트슐러), 인터비젼(2006)
7. 실용트리즈(김호종), 킴스트리즈(2006년 3월 출간)
8. 무엇을 만들어야 하는가(김익철) 인터비젼
9. 생각의 창의성(김효준) 도서출한 지혜
10. 그러자 갑자기 발명가가 나타났다.
(역자: 박성균, 원저: And Suddenly the Inventor Appeared, 알트슐러) 인터비젼
11. 알기쉬운 트리즈(역자 : 김병재, 박성균), 원저 : Simplified TRIZ, 인터비젼
12. 이노베이션 알고리즘(역자 : 박성균, 원저 : Innovation Algorithm, 알트슐러) 현실과미래
13. 40가지 발명원리(역자 : 박성균 외, 원저 : 40 Principles) 도서출판 아이디어브레인
14. 체계적인 혁신(원저 : Systematic Innovation) (사)한국트리즈협회
15. 창의성 공학의 길잡이(역자 : 박성균), 인터비젼 원저 : Innovation on Demand
16. 대학생 창의교육 이론서(권현종 저), 두양사
17. 트리즈 마켓팅(최창일), 더난
18. 창조적습관(김영한), For Book
19. 굿바이 6시그마(역자 : 김영한), 원저 : Insourcing Innovation
20. 생각의 지름길(김영한, 김익철), 다산북스
21. 천재들의 생각패턴을 훔치다(한호택), 21세기북스

교수 및 트리즈 컨설턴트를 위한 실용트리즈 교수법 - 교육안내

본 내용은 대학에서 트리즈를 가르칠 계획을 가진 교수님과 트리즈 컨설턴트를 위한 실용트리즈 교육입니다. 2011년 출간된 "창의 공학 설계 입문 실용트리즈(김호종)" 책을 여러 대학교에서 "창의설계입문" 교재로 사용하고 있습니다. 매년 여름방학을 활용하여 07월 둘째 주에 교육을 실시하며, 3일(24시간)간의 교육으로 실용트리즈로 한 학기 동안 학부 학생들에게 강의할 수 있는 교수법 교육입니다.

다음은 교육 관련 안내입니다.

○ 교육명 : 창의설계 실용트리즈 교육

○ 교 재 : 실용트리즈 창의공학설계입문(김호종)

○ 인 원 : ○○명

○ 교육 진행 :

- 토론식 팀별 문제해결 실습 위주
- 트리즈의 개요 및 적용 사례(1h)
- 문제의 재정의 설명 및 실습(2h)
- 모순 도출 / 분석 설명 및 실습(1.5h)
- 기능분석과 기능분석도 설명 및 실습(2.5h)
- 교재의 연습문제해결 실습(5h)
- 문제도출 및 문제해결 실습(12h)

* 한 학기 교육 및 평가에 필요한 파워포인트 자료, 강의계획서 및 트리즈 중간/기말시험 양식 등이 제공됩니다.

1. 교육일정 : 매년 7월 둘 째주에 시작하여 3일간교육(요일은 추후공지)
2. 교육시간 : 24시간 (8시간/일×3일, 중식제공)
3. 강 사 : 김호종(킴스트리즈 대표, 한국트리즈협회 이사, 010-2244-4331)
(대학에서 실용트리즈 10년 교육, 창의공학설계입문 실용트리즈의 저자)
4. 장 소 : 이메일로 과 전화로 통보함(가능한 서울지역).
5. 교육비(부가세별도) : 50만원
(매년 06월 30일까지 입금으로 교육 참여 확인)
6. 입금 계좌 : 국민은행: 024-24-0320-677, 예금주: 최 봉 조
7. 참가신청 : book@jinsaem.co.kr 메일로 이름(소속), 연락처(전화) 송부

* 문의 : 신샘미디어. 전화: 02-353-4421 / 팩스: 02-353-4431

* 교육의 정량적인 결과물
  - "실용트리즈 창의공학설계입문" 책의 모든 연습문제 해결
  - 10개 이상의 대학생용 문제도출 및 문제해결실습
  - 트리즈 인증서(개인 신청)

* 교육의 정성적인 결과물
  - 대학에서 한 학기 창의설계입문, 또는 실용트리즈 강의 가능
  - 학생들의 임의의 문제를 트리즈로 해결하는 과정지도 가능

* 배포자료(USB 준비)
  - 교육용 파워포인트 자료(150쪽)
  - 대학교, 중간 및 기말고사문제 및 해결결과(50개 사례)
  - 창의공학설계입문 실용트리즈 책
  - 기타 실용트리즈 강의 동영상

저자 소개

김호종

실용트리즈를 개발한 창의적 문제해결 교육 및 컨설팅 전문가이다. 2007년 '실용트리즈의 창의성 과학' 책을 집필하였다. 1985년에서 1996년까지 물리학을 공부하였고 물리학 박사학위를 취득하였다. 10년 동안 기업연구소에서 반도체 및 디스플레이용 시스템을 주도적으로 연구·개발하였다. 2004년 이후 많은 기업에서 실용트리즈를 교육·컨설팅하고 있다. 현재까지 1,500개 이상의 현업문제들을 해결하였다. 2006년 이후 10년 동안 실용트리즈를 대학의 학부 및 대학원에서 교육하였다.

현재 트리즈포트의 대표이면서 킴스트리즈를 운영하고 있다. 또한 한국트리즈협회와 한국트리즈학회의 임원을 맡고 있다.(hjkim@kimstriz.co.kr, 010-2244-4331)

김기정

실용트리즈 교육 및 컨설팅 전문가이다. 1978년 유가공업체에 입사하여 생산현장관리 및 임원으로 30년간 근무하였다. 현업의 생산문제를 해결하고 효과가 검증된 사례들을 모아 '현장 중심적 품질관리 시스템'을 구축하였다. '현장 중심적 경영혁신에 관한 연구'로 석사학위를 취득하였다. 생산성과 품질향상 성과를 인정받아 2007년 품질경영 부문 석탑산업훈장을 수훈하였다. 2008년 이후 산업현장 및 대학에서 실용트리즈를 교육 및 컨설팅을 하고 있다.

현재 한양대학교 겸임교수와 트리즈포트 전문위원이면서 한국트리즈협회 이사이다.

강일찬

실용트리즈 교육 및 컨설팅 전문가이다. 대우조선해양 및 현대위아에서 10년 동안 생산계획, ERP 현업적용 및 구매원가개선 업무를 하였다. 한국능률협회컨설팅에서 20년 동안 가치공학(VE)을 기업에 교육 및 컨설팅 하였다. 현대자동차, 삼성전자 등에서 VE를 활용한 원가절감형 제품개발을 컨설팅해 왔다. 또한 실용트리즈에 VE를 접목하여 기업의 현업문제들을 창의적으로 해결하는 문제해결 전문컨설팅을 하고 있다. 현재 트리즈포트의 전문위원이며 한국트리즈협회 이사이다.

조영덕

실용트리즈 교육 및 컨설팅 전문가이다. 실용트리즈를 비기술문제해결에 적용하여 현업의 문제를 해결하게 하는 컨설팅을 하고 있다. 2009년, 20년간의 외국계 기업 경험을 모아 '외국계 기업 CEO되는 법'을 출간하였다. ATI Korea를 비롯하여 반도체 관련 다수 외국계 기업의 한국 법인 대표를 역임하였다.

현재 세일즈, 마케팅, 고객지원 분야에서 실용트리즈를 접목하여 많은 문제를 해결하여 오고 있다. 또한 경영대학원 박사과정에서 '조직혁신을 위한 실용트리즈'를 연구를 하고 있다.

트리즈포트(TRIZPORT)

트리즈포트는 트리즈를 교육하는 기업이 아니다. 트리즈로 현업의 문제를 스스로 해결할 수 있게 하는 실용컨설팅 전문기업이다. 트리즈포트는 '실용트리즈'를 개발한 킴스트리즈의 김호종박사와 전문가들이 함께 만든 새로운 회사이다. 트리즈포트는 킴스트리즈의 6년 동안의 교육 및 컨설팅 경험으로부터 만들어진 회사이다. 트리즈포트(www.trizport.com)는 트리즈를 필요로 하는 사람들을 위한 '트리즈사랑방(www.kimstriz.co.kr)'이 있다.
이 책의 공동 저자들은 트리즈포트에서 실용트리즈로 현업의 고질적인 문제들을 해결하는 문제해결 전문가들이다. 다양한 기업근무경험을 실용트리즈와 결합하여 현업의 문제들을 해결하는 전문가들이 함께 이 책을 집필하였다.

실용트리즈 창의공학 설계입문

발 행 일 • 2015년 2월 10일

저 자 • 김호종 · 김기정 · 강일찬 · 조영덕
발 행 자 • 최 봉 조
발 행 처 • 진샘미디어
주 소 • 서울시 은평구 연서로 5길 28 부호아파트 102동 상가5호
전 화 • 02)353-4421 / FAX 02)353-4431
홈페이지 • www.jinsaem.co.kr

신고번호 • 제311-2005-000025호
I S B N • 979-11-85504-27-8 93500

정가 17,000원